U0518000

春潮NOV+

回到分歧的路口

什么都想做，什么都不想做

NOT WORKING

WHY
WE HAVE TO STOP

［英］乔希·科恩 著　刘晗 译　苏十 校译

中信出版集团｜北京

图书在版编目（CIP）数据

什么都想做，什么都不想做 /（英）乔希·科恩著；
刘晗译. -- 北京：中信出版社，2022.1（2022.6重印）
　　书名原文：Not Working：Why We Have to Stop
　　ISBN 978-7-5217-3736-3

　　Ⅰ.①什… Ⅱ.①乔… ②刘… Ⅲ.①工作—态度（心
理学）—通俗读物 Ⅳ.①B822.9-49

中国版本图书馆CIP数据核字（2021）第 229448 号

Not Working: Why We Have to Stop by Josh Cohen
Copyright © 2019 by Josh Cohen
This edition is published by arrangement with United Agents through Andrew Nurnberg
Associates International Limited.
Simplified Chinese translation copyright © 2022 by CITIC Press Corporation
ALL RIGHTS RESERVED

本书仅限中国大陆地区发行销售

什么都想做，什么都不想做

著　　者：[英]乔希·科恩
译　　者：刘　晗
出版发行：中信出版集团股份有限公司
　　　　　（北京市朝阳区惠新东街甲 4 号富盛大厦 2 座　邮编　100029）
承 印 者：河北鹏润印刷有限公司

开　　本：880mm×1230mm　1/32　　印　　张：10　　字　　数：188千字
版　　次：2022 年 1 月第 1 版　　　印　　次：2022 年 6 月第 3 次印刷
京权图字：01-2020-2811
书　　号：ISBN 978-7-5217-3736-3
定　　价：49.80元

版权所有·侵权必究
如有印刷、装订问题，本公司负责调换。
服务热线：400-600-8099
投稿邮箱：author@citicpub.com

献给我的父母

目录

Contents

引 言

十多年以来，我一直从事着精神分析师的工作，每个工作日，在大多数人开工之前，我就开启了一天的工作，而且比他们更晚收工。这通常意味着，我会在每天的头一个小时专注于一个人的恐惧，而在最后一个小时沉溺于另一个人的疲惫里。至于那些在正常时段上班的人，则经常要从办公室工作、自由职业或照顾孩子的间歇中挤出一个小时来见我。

在工作中萌生的不满会在一段时间内挥之不去，围绕着与职业生活有关的趣闻逸事展开，其中也不乏对工作的怨声载道，或是更为委婉迂回地体现在手机嗡嗡的振动声中（"抱歉，可能是工作上的事"），好像患者有意无意地想让我知道，即使在这里，在这个本应受到保护的空间里，他也必须遵循某些要求。

毫无疑问，这为我描绘了一幅图景：人们被现代工作生活所困扰，深感压力重重、精疲力竭，病情往往会因工作中的一种不满足感和无意义感而加剧，不仅步履艰难，而且百无聊赖，除了解决递到眼前的事情以外，几乎没有任何目标与意义。当然，这幅图景有些以偏概全，抑或言过其实。

精神分析咨询室只是观察研究这个问题的一个有利场域，而这个问题在我们今天生活中波及的范畴和产生的影响令人生畏。正如越来越多的书籍和论文所证明的那样，我们这个时代的工作，正在见证一场社会、经济和政治层面的危机。过劳是其中最显而易见的表象之一，另一个表象则是工作岗位的日益稀缺。整个劳动力市场，包括制造业（由机器组装的汽车和计算机）、零售业（完全由计算机操纵的商店）以及运输业（无人驾驶的汽车和火车），都在渐渐趋向或经历着最终的全面自动化。人工智能将接手许多曾被认为不可化约的工作，从市场营销到投资银行，从准备法律合同到教授数学，"较高层次"的认知和智力工作也不能幸免。

劳动力市场的萎缩对有工作的人和没工作的人而言，影响相差无几。就业竞争压低了工资，同时对人们的工作效率和奉献精神提出了越来越高的要求。一大批前途不可限量的员工时刻整装待发，一旦我们出现闪失，他们就会取代上位。这将加大我们的工作压力，切断我们的退路，让我们产生一种听天由命、万念俱灰和身陷囹圄的感觉。我们之中的许多人拼尽全力维持着体面的生活，或是仅仅想要生存，却发现自己被困在充满压力、没有成就感的工作之中，疲于奔命。

这种迫在眉睫的危机已经促成了一个针对"后工作"（post-work）时代的松散网络形成，它由思想家和作家组成，致力于解决未来世界中"没有工作"带来的经济、政治和社会后果。全民基本收入，即政府为每位公民提供的一笔收入，旨在保证公民维持基本生活，无须接受经济状况调查，这一概念正在受到主流和激进社会政策圈子的热捧，并已然成为"后工作"政策和相关讨论的核心支柱。

然而，正如许多"后工作"作者所言，"后工作"的未来世界向我们抛出了一个问题，它既关乎人类的存在，同时也是政治的、务实的。在这样的未来世界中，工作场所不再是迫使我们追问生命意义所在的中央世界。如果不工作，什么能让生活有意义？如果工作不是我们天生具备的根本属性，那么我们又是什么样的人呢？

这本书是我多年来探究和思考这个问题的结果。从孩提时代起，被视为人生首要意义和目标的工作，对我来说就并不一向那么天经地义。我没有从事法律、会计、金融、企业管理、公务员或其他体面的"中产阶级工作"，除却我严重怀疑自己并不具备相关资质外，更重要的原因是，这些职业似乎都把对工作的信念当成了自身存在的理由。在我的印象中，职场生涯往往任重而道远，你必须去做一些事情，并非因为它们给人以兴奋或愉悦之感，而是因为它们是工作的责任所在。在我看来，这种"自我否定"的"成熟品质"才是工作的真正内核，也是我一心想逃避工作的原因。

我童年和青少年时期的卡通偶像——史努比、巴格普斯猫、加菲猫、荷马·辛普森，以及他们后来的"真人继任者"勒博斯基*作为公开唱反调的异见者，形象在我的头脑中根深蒂

---

* 勒博斯基：电影《谋杀绿脚趾》的主人公，绰号"督爷"，是个无所事事的中年混混。上述几个卡通人物也都是每天不务正业、从不工作的代表。——编者注

固，反对着家人和老师每天向我灌输的"劳动最光荣"的想法。他们坚定了我的信念——比起黑板，窗户更为妙趣横生，很少有老师的课能长得过我的白日梦。

时过境迁，随着成年生活的逼近，诱人的白日梦遭遇了必然的挫折和打压。正如我在接下来的章节中所描述的，文学和后来的精神分析为我提供了调和两者的方法。尽管我厌恶外在现实的要求，但我发现了一些抗拒高效生产活动的职业，这些谋生方式让我有一种安心的舒适感。

然而，文学艺术和精神分析除了提供给我一种我可以忍受甚至享受的职场生活外，还以不同的方式促使我去质疑我们的文化赋予"行动"和"目标"的首要价值。这本书就揭开了这个问题的真相。随着我们的社会越来越迫切地面临着一个问题——"在没有工作的情况下如何生活"，现在是时候问问：人之所以为人，是否在于我们能够行动和生产？尽管在世界历史上，人类的工作具有变革的力量，我们也有动力实现变革。在现代西方文化中，我们每个人所度过的每一天，时常会成为我们不想工作的漫长见证。我们当中的许多人，即使在努力工作的时候，也会抱着希望和安慰，期待着能停下来不工作，甚至在我们最有效率的日子里，大部分时间也会烦躁不已、坐立不安，怔怔地盯着一个角落，被窗户或电脑屏幕分散了注意力。分心通常是一种伪装的昏睡状态、一种清空了任何内容的活动方式、一种不用真正停下来便能够不再前进的方法。这是一种"不工作"的形式，但它往往会引发一种神经衰弱的状态，而不是让人借机养精蓄锐、休养生息。

我们经常把这种"不工作"的冲动视为人性构成中难堪或多余的意外。只要我达到某种明确的、客观上有用的目的，我就是一个确确实实的存在，而在心烦时闲逛，或是发明只有一小群人使用的同韵俚语，则不会证明我的存在价值。但是如果我们弄错了呢？我的观点是，在认识我们是谁这一点上，"不工作"与"工作"是同样重要的。

这一说法的首要依据，就暗藏在物理世界的组织结构中。牛顿第一运动定律，也被称为惯性定律，指出一个处于运动中的物体，除非受到不平衡力的作用，否则就会一直保持这种运动状态。自中世纪以降，科学家们始终孜孜不倦地探索着永恒运动，而隐藏在这种试探背后的，是克服这一定律的幻想，想象着现实中受制于各种力量的物体能在永不停止的状态下前进。

惯性定律是一个残酷的主宰者。我们扔出去的球会撞到墙上，钟表的机械装置会失灵，我们的双脚会停止舞步——无论运动中的物体是有生命的还是无生命的，是无穷小的还是无限大的，迟早会有一种"不平衡的力量"阻碍它的前进。在这方面，我们像其他物理实体一样，受制于我们自身的重量。在被迫停下来之前，我们只能走这么远、做这么多。

为什么孩子们会因为失重的感觉欣喜若狂？他们喜欢泡泡和气球，喜欢在空中摇摆，梦想着飘浮于大地之上。他们觉察到，地心引力是这个美梦的窃贼。万有引力将我们牢牢地固定在地面上，确保我们的身体只能通过对抗无形的反作用力来移动。行走、跑步、游泳都要付出力量，飞行更是天方夜谭。

随着我们长大变老，形体渐渐不再灵活，我们会认识到，地心引力是不可抗拒的。我们放弃悬浮，首先是身体上的，最终是精神上的。"神游太虚"成了对世俗现实及其需求幼稚逃避的代名词。毕竟，"太虚"不会帮助我们通过考试，或找到收入丰厚的工作。

遵守万有引力定律就意味着要直面它对身体和心灵的限制。鸟类让我们叹为观止，因为它们给我们留下了不知疲倦的印象。尽管不比其他动物强壮多少，但它们从不会在长途飞行结束之时筋疲力尽。

从胚胎期到诞生后的头半年，人类脱离了地心引力，被人托着、抱着，就像坐在轿子里的君王一样，免于承担自己的重量。只有当一个人开始爬的时候，他才会意识到这种重量的存在，但紧张首先会被独立运动激动人心的新奇感所抵消。只有当孩子意识到体重会一直存在的时候，它才有可能成为他义愤填膺的痛苦根源。去公园散步时，孩子会恳求你负担起他笨重的身体，这样他就不必自己承受了。这是父母精疲力竭、长吁短叹的一个常见原因。

在对徒步行走说"不"的时候，孩子表达了他对惯性定律的不满。他周围的成年人有义务教导他，没有人可以逃脱重力，他必须学会背负自己身体、感情和焦虑的包袱。

西格蒙德·弗洛伊德（Sigmund Freud）在 1920 年提出了

"死亡驱力"（death drive）的假设 [1]，这也许是他所有学说中最富争议的一个，为我们提供了一种惯性定律的精神编码。死亡驱力与对完全平静的渴望、破坏的倾向以及强迫性重复创伤经历相关联，但它也表明了一个更为基本的事实：人类抗拒活动，他们不能主动开启任何事情，包括生命本身，只能在某个时刻被迫终结它们。

弗洛伊德经常参考古代神话（当然，其中最著名的是俄狄浦斯"恋母"的故事），以证实他在无意识精神生活中挖掘出的范式具有普遍性。他并没有为死亡驱力寻求这样的依据，尽管如果他这样做了，会发现大量佐证，在不同的神谱中找到引人注目的例子。在所有神谱中，众神都是爱、恨、战争、艺术等特定情感和存在方式的化身，从而将宇宙秩序与人的内在生命联系起来。

那些最著名的诸神叙事，比如赫西俄德（Hesiod）的《神谱》或者《摩诃婆罗多》，讲述了众神狂热的创造力和钩心斗角、尔虞我诈，甚至自相残杀。但在神界更为隐蔽的地带，有着一大群看上去死气沉沉的神灵。在印度教的神谱之中，拉克什米女神是毗湿奴的妻子，由他所创造，是好运、纯洁和优雅的化身，她的姐姐则是厄运女神。她们二人在宇宙中保持着平衡。厄运女神大腹便便、蓬头垢面、不堪入目，代表着一种神圣的松弛懒散，这甚至在她满溢下垂的肥肉中也能感受得到，仿佛她的身体本身就表现出了一种拒绝支撑这个世界或维持世界美好表象的态度。

与此同时，希腊神祇将宇宙中特别丰富多彩的部分留给了夜晚、睡眠和倦怠之神。根据赫西俄德的说法，在地球被创造之前的原始混沌中，诞生了厄瑞玻斯（黑暗的化身）和倪克斯（黑夜女神），他们又生下了睡眠之神修普诺斯。修普诺斯与掌管放松、幻觉的女神帕西提亚结合，他们的后代成了梦幻王国的三位领主——摩耳甫斯、福柏托耳以及方塔苏斯，分别掌管着梦境中多变、可怕和奇幻的领地。守护修普诺斯宫殿的埃吉娅是懒惰女神，她是胸怀宽阔的大地之母盖亚和"太空之神"埃忒耳的女儿。来自父母的两种原始生命力量融合在一起，形成了一种反生命的力量，使她成为睡眠和懒散的捍卫者。

根据这些说法，宇宙秩序在繁衍生命的同时，势必会产生一种对生命的制动。弗洛伊德构想出了"生命驱力"（life drive）这一概念，它是死亡驱力吵闹狂暴的对手，试图超越这种强制的阻碍，罔顾精神与身体的极限。生命驱力追求更多的东西。通过有性繁殖和辛勤劳动，它确保了物种的自我更新，新的生命得以延续。通过好奇心、想象力和实际应用，它创造出了新的领域、观点、社群、技术以及文化。如果可能的话，生命驱力会一直持续下去。

当弗洛伊德表示，死亡驱力会在悄无声息中无形地潜入生命驱力，试图抑制其向前运动时，他是在提醒我们，即使是在一个人或一个民族最为狂躁膨胀或者雄心勃勃的时期，也会有一段停滞不前的萧条，充斥着埃吉娅或厄运女神疲惫的低语："你真的不介意被人打扰？难道你不想待在床上吗？"

这本书探讨了我们与这种声音之间令人困惑不安、左右为难的关系。在当代西方，我们的生活受制于一种持续不断的神经冲动，它促使我们活动起来，不容停歇。现代文化中的典型形象是焦虑不安的"手机党"，在火车、家庭餐桌或床上，他们收发电子邮件，处理工作文件，或是更新社交媒体，用让人上瘾的游戏和全网疯传的视频来填满一切休息或沉默的空闲。焦虑不安地消遣，是唯一能让你从没完没了的待办任务清单中解脱出来的方法。"不工作"变得和"工作"一样持续不断，令人疲惫不堪。我们知道自己别无选择，只能停下来，但这样做会让我们无比恐惧、轻蔑及内疚。

一种对"必须停下来"嘲笑或贬低的文化加速了我们永不停歇的忙碌。一种争强好胜的工作狂精神，让成千上万的男男女女将他们生命中的大部分时间花在了工作上。能量饮料和流感药物广告向我们承诺，我们能战胜疾病和疲惫，重获力量，为自己（以及我们的雇主）赢得又一天工作的时间。

这些有关超人般奉献精神、神奇免疫力的幻想，与小报媒体和蛊惑人心的政客嗅出的恶毒阴谋之间存在着一种联系。这种阴谋暗示：得过且过、轻松度日的低保户和移民牺牲了踏实勤劳的工薪家庭的利益，站在后者的肩膀上白吃白喝。我们的怨恨和嫉妒就是由这样一种想法引发的：有些人可能觉得，没有必要不惜一切代价努力奋进。

近几十年来，西方左翼和右翼政府都越来越热衷于让我们不顾自身环境，一心工作。在英美以及其他国家，领取福利救济的标准越来越严格，特别是要看申领者寻找工作的意愿是否足够强烈。正如"后工作"理论家大卫·弗莱恩（David Frayne）所写的那样，"即便是那些传统意义上被免除了工作义务的群体，例如单亲父母或残疾人，也会发现自己在社会推动人们脱离福利、进入就业市场的过程中受到了监督审查"[2]。当各种严苛繁杂的流程都在评估申领者能否工作时，伤残津贴的申请就可能会被拒绝或撤销。

社会始终不遗余力地削减着无业人口比例，原因众所周知：人口老龄化和人口膨胀带来的财政负担使得现行的福利法案在长期内难以为继。如果各国要避免财政崩溃、日薄西山，就必须填补生产力上的所有缺口，并将经济浪费转化为盈余。因此，未来理想的国家和经济状态将战胜惯性定律——任何"不平衡力"都不会妨碍或抑制经济的不断流动。

问题在于，西方经济体向来就很难不受惯性定律的约束。无论找到什么解决方案来扫清影响活力的障碍，都会产生新的问题。自动化提高了产量和效率，却会降低就业率和工资。僧多粥少而造成的压力，让国家和更广泛的经济领域每年都会因疲劳、倦怠和抑郁等与压力相关的疾病而损失数十亿美元。试图推翻惯性定律只会使它更加根深蒂固，但是，如果商业、政府和媒体对工作不顾一切的说教在我们的头脑中找不到现成的强化效果，那就毫无意义可言。我们许多人都太容易因为不得不停下来而感到尴尬。

精神分析为这一现象的缘由提供了多种解释。我们内心有一个理想化的自我形象，或者用弗洛伊德的话来说就是"自我理想"（ego ideal）[3]，它迫使我们去做更多的事情、取得更多的成就。自我理想是我们无意识信念的残余，是从婴儿时期起父母就传递给我们的，让我们相信自己能够做到完美。虽然自我理想可以激发我们的雄心抱负和创造力，但它也容易在不知不觉中成为一种惩罚，让我们在"你是谁"和"你觉得自己应该成为谁"的落差之间产生羞耻感。

在自我理想向我们保证"你能行"的时候，更为人熟知的那个存在于无意识中的"超我"（superego）则会下达"你必须做到"的指令，在我们的责任底线激发负罪感。内外部信息的相互作用，使得我们大多数人都会对自我极限感到某种程度的焦虑：我们刚要停下来，来自外部和内在的声音就会质问我们，要求我们再次开始。

自我理想是当今职场和就业文化不可抗拒的目标，它不断要求和激励我们最大限度地发挥潜力。弗莱恩写道："每个工人都被教导过，他始终可以更上一层楼，而就业成了一条写满艰险的苦路，走在路上的人不断向自己宣战，质疑自己的个性品格与工作成就是否相配，始终担忧自己没能将时间合理安排。"[4]

我们对"停下来"感到不适，自觉浪费了时间，也导致了一种不断分神的状态。它犹如"不停工作"的孪生兄弟：当我们作为生产者的能力达到极限时，我们会激活自己作为消费者的能力。如今，出生不久的孩子，眼睛、耳朵和神经系统就已受到来自电视、平板电脑的图像和信息源源不断的攻击。在住宅、办公室或街道这样的有形空间里，他将被数位生活的虚拟网络所淹没，被不断催促着去关注、点赞、更新、直播和购买。在他离开那些设备的间隙，就会萌生出被遗弃和空虚的感觉。

我们不敢按下身心的关机键，就好像害怕随时会陷入空虚一样。然而，这种行动上的谨小慎微与那种对安宁恬静、遁世隐居的强烈渴望共存，后者则打破了连续不断的噪声流。在我的诊室里，不止一个病人会经常表达这样的愿望——希望这个世界荡然无存，或自己消失得无影无踪。他们说起消除精神紧张的幸福感，说起无所事事的周末早晨，能够盯着报纸上的一行字，进入佛教禅宗的空明之境。

我们发现自己在"强迫自身做太多事情"和"希望什么都不做"之间徘徊。上网消遣即是对这两者一种不可思议的融合。纠结白色T恤上的23处细微不同、狂刷网红猫咪的视频，或者一连几个小时浏览社交媒体动态，这种过度的活跃反而变成了浪费我们（或我们雇主）的时间、阻碍我们生产创造的行为。

我们与"行动"及"目标"之间错综复杂、矛盾重重的关系表明，我们有理由质疑"人类天生就该被视为工作者"的概念。质疑这一概念的另一个理由则是艺术的存在。

艺术是这本书论述的核心。这在某种程度上是因为，文学、视觉和电影艺术家们的生活和创作，向我们展示和阐述了精神与身体在非工作状态中的表现：情感冷淡、无精打采、漠不关心、耽于幻想等等。而更为重要的是，艺术的存在证明了我[们]在某种程度上拒绝积极、有目的的生活，即被严加管制地行动[。]

毕竟，艺术家会"做"些什么呢？艺术家生活在想象的[世]界，而不是现实的世界里，要将我们的目光从真实转向虚构[和]幻想。他们很少采取具体的行动，这使得他们成为那些追求[道]德和诚实之人不断质疑的对象。在《理想国》中，出于各种[原]因，柏拉图让苏格拉底将艺术家驱逐出理想城邦[5]，其中最重[要]的是，艺术家不仅对正确的生活和行为方式没有任何贡献，[也]没有告诉我们它们是什么。苏格拉底哀叹，即使是所有诗人[中]最受爱戴和尊敬的荷马，也没能制定出一部宪法、发动过一[场]大获全胜的战争、推行一种切实可行的策略，或者致力于公[共]服务。艺术家也许有令人无法抗拒的娱乐精神，但作为生活[的]导，他们却一无是处。

大约2 300年后，奥斯卡·王尔德颠覆了柏拉图的价值[体]系，将这种"无用"提升为艺术家的最高美德。通过抵御[那]控制着其他所有人的积极冲动，艺术家摆脱了现实的局限，[并]找到了通往无忧无虑梦想生活的路径，那是"一种不以做什[么]为目的，只为存在的生活"[6]。

尽管苏格拉底和王尔德持相反立场，他们有个观点如出[一]一辙：艺术的创造和享受，含蓄地表达了艺术家对生活的[某种]婉拒。艺术作品得以存在的事实，指向了人性中一种不必要，[甚]甚至是无用的维度，一种对有目的行动的抵制。我们在欣赏或[观]看画时很难寻获任何切身的实用效果。

与这论点截然对立的是，艺术领域十分有利可图，而艺术作品可赚那些为了各种政治和个人目的而制造与消费它们的人调动趣。换句话说，艺术是我们的生活、世俗现实的一部分，而非一个与现实分离的世外桃源。这无疑可以解释为什么如今艺术需要不断从商业价值或社会效用的层面来证明其使用公共资源（金钱、空间、时间）的合理性。艺术必须在经济或社会有利可图。

我们可以拿艺术品做各种各样的事，表述林林总总的故事，但仍然心怀隐忧，因为一件艺术品之所以成为艺术品，就在于"不被使用"——无关他人的行动。正如法国作家、评论家莫里斯·布朗肖（Maurice Blanchot）所说，"艺术的行动力微弱……一旦艺术以行动来衡量自己，这种刻不容缓的自身能把它置于谬误的境地"[7]。布朗肖同时代的德国哲学家和音乐家西奥多·阿多诺（T. W. Adorno）认为，艺术（或者至少他认为最配得上艺术之名的那种艺术）在政治上有着颇具意义，不是因为它"说"了什么，而恰恰是因为它"沉默状态"[8]。塞缪尔·贝克特（Samuel Beckett）的一出戏剧，或者巴勃罗·毕加索（Pablo Picasso）的一幅画作所产生的深远影响，颇不同于现代资本主义社会强加给我们的空洞语言和交流成规。

如果我们不以行动来衡量艺术，而是把艺术当作生活中一个不诉诸这种标准的领域，那将会如何呢？在一篇颇具煽动性的散文中，布朗肖认为，浪漫派艺术家自诩为神圣的"创造者",让自己取代古代诸神的地位,却因此失去了所有神迹中最神圣的一种:在几乎所有关于世界起源的神话,尤其是在《创世记》的叙事中,神明不仅会创造,还会休息。浪漫派艺术家误以为自己的神性在于"劳动创作",其实这是"最不神圣的神迹,让上帝成了每周工作六天的劳工"[9]。

真正的神性不在于工作,而在于不工作。任何人都能工作,但不工作是上帝的特权。艺术家和上帝一样,也不是"劳动者"。建筑师用石头砌墙、架桥或建造日常生活中其他有用的东西,而雕刻家只用石头将想象世界中的东西变成现实。无论艺术家看起来多么努力,其作品都没有什么真正的用途和功能。艺术家马丁·克里德(Martin Creed)用光线将"全世界 +作品 = 全世界"这行文字投射到各种建筑上,这个公式就完美地浓缩了上述观点。"作品"本质上是多余的——它既不增加也不减少世界内容的总和。那些自称纳税人,却将艺术家视为懒虫或废物的人也证明了同样的观点——这个世界并不像需要泥瓦匠或医生那样"需要"艺术家。

与浪漫而非凡的创造力无关,正是在这种意义上,我们可以说艺术家就像上帝。在上帝休息的那一天里,他的自由不被任何外在的命令或要求所束缚。安息日,即被明确神化的"不工作日",鼓励我们效仿这种神圣的懒散。这种懒散从当代生活中消失,可能既与工作的神化有关,也与社会的世俗化有关。安息日被提升到神圣的地位,是在向我们暗示,存在(being)是一种比行动(doing)更高级的形式。也许艺术是我们人类在休息范畴留下的最后痕迹，让我们接触到了没有明确目标或目的的生活体验。

1999年，世纪末的焦虑困扰着整个世界。翠西·艾敏（Tracey Emin）吸引了不计其数猎奇、困惑和不满现实的观众来到伦敦泰特美术馆，围观她的作品《我的床》。它以迅雷不及掩耳之势成为我们这个时代最具象征意义，同时最为臭名昭著的艺术作品之一。艾敏煞费苦心地重构了她的床，床上一片狼藉，仿佛主人在一段关系结束之后，因酒精作用而精神崩溃。

穿过的脏袜子、用过的旧毛巾和被单乱七八糟地堆在一起，大半张床单落在床架外，周遭净是疲惫生活里堆积如山的碎片：用过的和没用过的纸巾、血迹斑斑的内裤、形单影只的毛绒玩具、空伏特加酒瓶、卫生棉条、避孕套、宝丽来自拍照片、压烂的香烟盒、过期的报纸和快餐调料包。

《我的床》引发了八卦小报兴风作浪，取笑奚落和反感鄙夷纷至沓来，这件作品给"艺术是什么"这一老生常谈的话题注入了全新的紧迫感和生命力。诋毁它的人发出质疑：这种对肮脏混乱的真实生活原封不动的呈现，如此放纵丑陋的自我暴露行为，如何能被称为"艺术"？而对一件公然拒绝以"艺术"和"作品"的形式出现的物品，我们又如何赋予它"艺术品"的地位？

希腊词汇"poiesis"意为"创作"，根据此词定义，无论是在自然生活中还是在人类社会中，创造性行为都是一种"制作"

（making），是将一件事物转化为另一件事物。《我的床》并不意外地被人称作艾敏那张"未整理"（unmade）的床，它仿佛是一份拒绝去做任何事情的大胆声明。这件作品原封不动地展示着她分崩离析的生活中那些不成形的碎片，丝毫没有考虑过布局是否和谐，能否引起审美上的愉悦。

《我的床》展现出的疲惫懒散，与其说是安息日的复归——鼓动我们休整之后再次为上帝、工作和家庭效劳，不如说是回到了一种"空虚混沌"之中，也就是创世之前令人恐慌的"空虚混沌"。作品通过一个具体而微的意象，展现出了对宇宙最初混沌状态的回归。

艾敏的床唤醒了潜藏在我们每个人内心某处的可怖场景——在我们步步为营、朝气蓬勃的生活中，总会有一个屈服于无序状态、趋从于所有秩序和意义瓦解的地方。然而，这件作品给人留下的那种懒惰和漠视的印象，却是苦心经营的效果，创造与破坏的界线在作品中被艺术地虚化了。惰性和倦怠并没有带来想象力的枯竭，反而为艾敏提供了创造的源泉。

《我的床》记录了一段抑郁无力的特殊经历。它源于艾敏之前的个人经历，招致了那些攻击她自恋以及愤世嫉俗的言论（或者更确切地说，很多攻击都不加掩饰地带有厌女的特质），但这种自我坦白促成了艺术与惰性之间更为宽泛的联结：《我的床》并非出自鬼斧神工的造物主之手，破碎的自我在其中集结整合，被赋予图像或叙事形态。它所表现出来的"无所作为"正是一种艺术实践，旨在（再次引用布朗肖的话）"使一件艺术品成为其本身，仅此而已”[10]。

尽管如此，《我的床》并不是一件实现了王尔德式理想的艺术作品——能够涤荡“现实生活中卑鄙肮脏的危险”[11]。它并没有把我们带到纯净空灵的沉思之地，对王尔德来说，如此唯美的场景才是审美生活的本质所在，而《我的床》则是把我们带到了一片毫无生气、支离破碎的混沌地带。它的目的是“存在”而非“行动”，同时摒弃行动，这比王尔德想要达成的目标更加扑朔迷离。将灵魂拖入筋疲力尽的冷漠，相较将之提升至崇高的沉思境界，或许同样简单。

艾敏的床不是休养生息、幻想做梦或疯狂纵欲的地方，而是使疾病、疲惫和绝望滋生的温床。精神兴奋的药物和避孕用品传达的不是对刺激的强烈欲望，而是对身体和精神麻痹的追求，是为了释放而非强化情绪。这一场景让我们陷入了法国社会学家阿兰·艾伦伯格（Alain Ehrenberg）所说的“自我的疲乏性”，在 1998 年出版的同名著作中，他将这种状态诊断为我们这个时代的根本弊病。

艾伦伯格所说的疲乏，表现为一种彻底的扼制感，以及行动能力的慢性丧失。在我们当代的消费社会中，我们工作、处理人际关系和消费的场所会唤起强烈的竞争和对抗冲动。我们总是被选择和行动的要求弄得萎靡不振，很容易陷入意志和欲望疲软麻痹的状态。艾伦伯格写道：“行动中的退缩、停滞、抑制、中止等等，都是冷漠表达的一部分。”[12]

这一连串相似的名词可以用作艾敏停滞的生活场景引人注

目的标题，但是这一连串词汇也指向了艺术的本质，以及艺术与我们所说的"现实生活"的不同之处。法国哲学家伊曼努尔·列维纳斯（Emmanuel Levinas）是为数不多的质疑艺术道德性的现代思想家之一。他写道，一件艺术品，就是将客体定格在了"一个永远悬而未决的未来"[13]里。一张活生生的脸上呈现出的是变化多端的表情，但画像上的人将永远停留在其精神世界的一个瞬间："蒙娜丽莎即将绽放的笑容永远不会真正绽放。"

与此同时，"小说中的人物"也同样是"被关起来的囚徒"，"他们的过往永远不会终结，仍在继续，但毫无进展"[14]。虚构的角色被永远定格在无休止的土拨鼠日*，注定要在无法逃脱的故事里循环往复。即使是电影中的角色，尽管他们的动作和反应十分生动，却始终被困在同一个故事里，以及一成不变的肢体动作和言语当中。

我们无须赞同列维纳斯关于艺术的所有论点，就能洞察出一个显而易见的真理。众所周知，孩子们总会听人一遍遍地讲着同一个故事，甚至一字不改，这也说明了一个类似的观点：艺术让我们进入一个世界，在这个世界里，万物在过去和将来都一成不变，这既让人安心，又如同梦魇。

从这个角度而言，《我的床》就不仅仅是以懒惰为主题的艺

---

* 土拨鼠日：北美地区的传统节日。在电影《土拨鼠日》中，
　主人公被困在了土拨鼠日，不停重复着同样的生活。——译
　者注

术品了，它是一种对于"将艺术视为懒惰、惯性的保护地"做出的沉思自省。艾敏在接受朱利安·施纳贝尔（Julian Schnabel）的采访时，谈到了这件作品的灵感来源。当时她从浴室回到屋里，看到自己的床上一片狼藉。在那个瞬间，她就想要把这个场景原封不动地搬到白色画廊里："就在我看到它的那一刻，而它看起来真是该死的妙不可言。而且我觉得，这不会是我在弥留之际的苟且之地，这是一个能让我活下去的美丽之乡。"[15]

从致命的恐惧到鼓舞人心的美丽，这种转变并没有受到物质干预的影响，而是通过她的想法来实现的——将这个场景移位到白色画廊里。想象将场景从生活空间转换到艺术空间，没有改变这张床的外观，却从根本上改变了它的意义。在很大程度上，这件作品给了我们一种诡异的感觉：充斥着实在的痛苦和困惑的某一个瞬间，被原封不动地移到了一个不属于它的地方。

因此，《我的床》的吊诡之处在于，它虽未做一事，只是如其所是，却改变了我们的经历。设身处地，想象一下你就是艾敏，从浴室中走出来，看着自己向悲伤和痛苦缴械投降后陷入的这一片混乱，顿时从浑浑噩噩中警觉起来，陷入极度恐慌。司空见惯的反应可能是收拾一下房间，打扮一下自己，出去呼吸一些新鲜空气，或者和朋友见个面。我们察觉到了停滞不前的生活，可能就会促使自己重启生活。

艾敏让我们看到了一种与我们惯常对待倦怠无力完全不同的行为。她没有收拾残局、振作精神，以此来摆脱倦怠无力的感受，而是对它致以敬意，将她发现这种无力感时，它那杂乱无序的形态原封不动地呈现给我们，并从中看到了美。她从噩梦中醒来，不是凭借忘却梦魇，而是尽可能原原本本地将它保留下来。

人生停止的那一刻就这样永远地被定格了。与其出于本能的厌恶而远离它，不如认识到惯性定律是生活中不可避免的事实。艾敏提醒我们，我们不是永动机，不能简单地忽略将我们拖向悲伤或疲惫的地心引力。在某些时候，我们必须停下来。

只有当我们停下来时，我们才会意识到，如何才能摆脱地心引力，轻盈起来。在灵光乍现的那一刻，艾敏眼中死气沉沉的混沌蜕变成了美丽而值得肯定的一隅。艺术转化的可能性瞬间化解了这一场景的沉重压抑。艺术，确实是一种反重力。

对于漠不关心和自我疲乏性的谴责由来已久。《圣经》中的《新约》《旧约》都充斥着对不工作之人尖锐的责备。《箴言》的作者注意到了人类暴饮暴食、酗酒成性和碌碌无为的倾向，他再三重申，饥寒交迫和英年早逝是那些始终游手好闲之人的结局。保罗在《帖撒罗尼迦前书》中断言："不劳动者，不得食。" [16]

《圣经》是西方工作道德的基石，这一道德体系至今仍在规范着我们已彻底世俗化的文化。中世纪的神学家将"淡漠忧郁症"与身体和灵魂的迟钝联系在一起，这种被称为"淡漠忧郁症"的莫名不适，是一种修道院文化中特有的精神状态，症状即是丧失精神信仰和斗志。懒惰不仅仅是一种罪恶，还是通向所有罪恶的大门，因为它放松了抵御诱惑所需的内在自律和警惕。

尽管听起来很严苛，这种道德律令多少还是有一些自由解释的空间。它强调我们必须工作，但工作不应该成为我们生活的全部视野。只有进入了现代，工作才被赋予了这样的意义：它不是一件做完了就万事大吉的任务，而是一件应当被喜爱、被重视的神圣礼物。

德国社会学家马克斯·韦伯（Max Weber）在其 1905 年开创性的著作《新教伦理与资本主义精神》中，追溯了那段从他所谓的"传统主义"经济中脱离出来的社会历史。在传统经济体系中，工作者关心的是作为一种手段的工作，而不是工作的目的。工作的目的仅仅是提供足够的收入，让人"以他习惯的方式去生活"[17]。

对于大多数现代西方人来说，很难想象工作和收入之间的关系不会被矛盾与焦虑干扰。我们如此彻底地将工作中甜蜜而苦涩的果实，内化为我们自身价值与意义的衡量标准，以至于将传统观念中对工作的定义（满足基本需要、带来慰藉的手段）埋没在遥远的过去。

咨询室里里外外的人们，整天忙于应付核磁共振成像结果、艰涩难懂的金融工具或人权法律的棘手问题。他们告诉我，他们幻想有一天可以成为农场劳工、泥瓦匠或货物堆码工。他们知道，这样的体力工作，不管干活时有多么辛苦，或者多么无聊，回家后都可以休息，让疲惫的筋骨得到舒展，相信这一天是真的结束了。然而，将生活彻头彻尾地改变仍然只停留在幻想层面，不仅仅是因为他们承担不起经济压力；如今的工作对于自我认知而言至关重要，若要对此轻言放弃，无异于痴人说梦。

韦伯以高超的分析向我们道明原委。他向我们展示，在长达三个世纪的岁月里，心理和文化是如何将现代职业伦理道德根植于工作本身的。宗教改革时期涌现出的各种新教运动为世俗的工作和财富注入了新的精神意义。新教话语体系中的关键词"天职"，就将工作从一种实用的谋生手段转变为一种神圣的目的。

"召唤"（calling）这个词指一种在内心呼唤自我的神秘声音，毫无疑问，它会令人联想到弗洛伊德。鼓舞人心的自我理想与勉为其难的超我一齐敦促着重重围困之中的自我响应内在召唤，赋予其实现自身潜力的能力，并肩负起对世界的责任。一旦工作成为一种来自内心的召唤，而不是外在强加的必然要求，那么心安理得地停下来显然就会困难得多。戈登·盖柯* 说"午餐是给窝囊废准备的"，正反映了工作地位的提升。

像加尔文主义这样的新教信仰为工作披上了神圣的外衣，给日常生活赋予一种崭新而迫切的方法和目的，最重要的后果

---

* 戈登·盖柯：电影《华尔街》的主人公，金融大鳄。——编者注

之一就是"将时间用到刀刃上"。韦伯引用了清教徒牧师理查德·巴克斯特（Richard Baxter）的话，后者告诫自己的信徒要"保持对时间的高度重视；你们要分秒必争，不要浪费时间，正如你们不会随便丢掉黄金或者白银"[18]。

以这种方式珍视时间，就是要牢牢把控住日常生活的方向，切忌误入歧途，尤其是在不会带来显著利益或意义的事情上，要免去漫无目的、无所事事地走一些意想不到的弯路。在韦伯看来，巴克斯特和他在欧洲的同行们都认为，"根据上帝昭然若揭的意旨，只有行动，而非懒惰放纵，才能为上帝增添圣光"[19]。

基于真知灼见的行动是懒惰与虚度光阴的唯一解药。资本主义作为这种道德准则的世俗继承者，如此成功地确立了工作在我们文化中至高无上的地位，不再需要宗教基石予以支持。在过去的两个世纪里，资本主义通过城市建设、技术、企业和消费文化的传播与发展实现了自我扩张。

这些全新的外来势力给我们的物质和精神生活带来了不良影响。现代工业城市加速发展，过度刺激人心的文化带来的兴奋和焦虑，导致了精神崩溃在全球范围蔓延，或者用美国神经学家乔治·比尔德（George Beard）的话说，这种紧张氛围引发了神经衰弱症。

正如比尔德在 1869 年所言，神经衰弱表现为这样一些症状，包括"所有身体机能的退化、食欲不振、背部及脊柱长期疲软、神经阵痛、情绪失控、失眠、臆想、厌恶倦劳、重度慢性偏头痛，以及其他类似的症状"[20]。就神经衰弱而言，这些症状并没有确切来由，只是现代生活中难以控制的感觉、需求和焦虑造成了神经超负荷的结果。

梳理比尔德列出的症状，我们不免被它们在当代社会引发的共鸣所震撼。饮食失调和睡眠不足持续不断地扰乱身体和大脑的日常机能；久坐不动的白领群体数量剧增，导致慢性背痛成为普遍存在的问题，也带来了"重复性压迫损伤"这种肌肉、骨骼与神经的新损伤。我们也可以在偏头痛和过劳现象中发现神经衰弱盛行的迹象。"后工作"理论家尼克·斯尔尼塞克（Nick Srnicek）和亚历克斯·威廉姆斯（Alex Williams）写道："在新自由主义的影响下，一整套精神病症愈演愈烈：压力、焦虑、抑郁和注意力缺陷障碍成为我们对周遭世界越发常见的心理反应。"[21] 在比尔德列出的症状中，我们还可以再加上各种各样网络时代泛滥的强迫和上瘾行为——社交媒体持续的更新推送、赌博、色情影像、实时资讯、购物等等挥之不去又随处可见的诱惑，每一个都抓挠着我们内心最脆弱、最焦虑的地方，以必将带来快感的承诺刺激着我们，最终却只会招致沮丧和失望。慢性神经衰弱的根源可能因人而异，但症状惊人地一致。

当然，我们这个时代推崇享乐消费的资本主义似乎站在了早期资本主义的对立面，后者有一种严苛的道德感，是由一种"禁欲冲动"以及对奢侈品的鄙夷支撑起来的。相比之下，消费主义则赞美声色犬马、挥金如土的乐趣与欢愉。然而，这两种态度虽然彼此并不契合，却一脉相通。花一天时间逛购物中心，可以让我们从辛苦繁重的工作中获得一丝喘息，然后满血复活。

它是不是更像一种变相劳动，虚化了"工作"和"自由时间"之间的界线？当我在欧洲最大的购物中心（消费主义者的圣殿韦斯特菲尔德购物中心）那巨大的白色穹顶之下徜徉漫步的时候，我感受不到冲动消费的欲望，取而代之的是疲惫和烦躁在慢慢升腾，那是一种必须要完成任务的焦虑。当贾斯汀·比伯的音乐冲击着我的耳朵，购物袋的提手勒痛了我的手指时，我行尸走肉般地融入密密麻麻的购物狂大军，不得不感叹，这跟卖力做工没什么差别。

我们的身体和思想不仅仅因为工作而超负荷，它们受制于一种文化，这种文化将每时每刻都视为生产或消费的机会。难怪睡眠障碍相关内容充斥着如今生活方式类的杂志或网页。正如乔纳森·克拉里（Jonathan Crary）在其激进的著作《24/7：晚期资本主义与睡眠的终结》中所说，睡眠是我们无法投入工作的一种状态，难怪企业和军方会如此不遗余力地投入资金，想方设法缩减人们对睡眠的需求。

惯性定律认为，物体永恒运动下去是不可能的，并将之视为自然法则。我们对这一规律的认知深深得益于生物学和心理学中的诸多概念，但是，我们似乎也有一种抗拒它的冲动，深信如果我们不想停下来，就不必停下来。这两种互相矛盾的冲动在我们内心深处撕裂出一道无法修复的伤痕。我们梦想着去建造、扩张、征服，成为更大领地、更多民众的主人，然而这种雄心壮志下又潜伏着一种渴望，那就是爬回我们的床上，一动不动地窝在那里。在接下来的章节中，我们会发现，这种渴

什么都想做，什么都不想做

望在一系列精神透支和社交疲劳的表现中得到了印证。

弗洛伊德在其晚年的伟大著作《文明及其不满》（1930）中，将"工作"与"不工作"这两种愿望之间的冲突视为人类文化的根本困境。生活敦促我们去掌控现实中的某一部分，而工作是最直接、最便捷的方式。然而，弗洛伊德发现，工作显然不能取悦大多数人；在他的同事和朋友中，几乎人人都讨厌工作，这让他提出了"人类对工作有一种与生俱来的厌恶"[22]的观点。

就在《文明及其不满》问世的 22 年前，弗洛伊德在短小精悍的文章《作家和白日梦》[23]中向我们暗示，人类为何更钟情艺术而非科学。比起进度缓慢、劳心费力的科学研究，艺术让我们避开障碍，在谈笑风生间获得自己梦寐以求之物。因为科学家追求的是真实，如果想在调查研究中有所作为，那么他们除了学习、试验、推断、等待外，别无选择。相反，艺术家并不受制于现实，如果他们想要价值连城的财富、绝妙的冒险或美女，只需要施展想象力（或者做个"白日梦"）。

在广为流传的浮士德的故事里，浮士德这位科学家发现了一种利用现实世界的方法，正如艺术家利用幻想世界一样——将之作为实现自己狂野幻想的游乐场。浮士德不再专心科学研究，结果招来了灾难。

浮士德的故事突显了"文明"的悖论。他毕生都在孜孜不倦地从事学术工作，终极目标是获得无须工作便能达成愿望的能力，拥有自己想要的一切。我们的文化中也存在着类似的悖论：疯狂加班。它让我们抱着有朝一日能轻松生活的幻想，无休止地工作。举两个显而易见的例子，赌徒和瘾君子都被浮士德式的欲望驱动，渴望不劳而获。

这个社会能够接受我们大声抱怨自己有多忙多累，就好像这样做是在向全世界保证，我们充分认识到了自己需要对工作付出的道德与社会责任。相比之下，承认我们需要停下来休息就难多了，这就等于羞愧地默认我们意志薄弱、难以胜任、力不从心。

和朋友聊天的时候，我将心里话和盘托出，说希望自己可以什么都不用做，结果在我的"抛砖引玉"之下，朋友们纷纷坦白了一大堆自己不为人知的"恶行"：拖泥带水、好吃懒做、沉迷享乐、懒散邋遢。这些老生常谈的坏习惯仿佛具备了非同寻常的意义。将懒惰视为人类普遍存在的癖好，而非个人偷偷摸摸的嗜好，会给人带来一种愉悦的宽慰。无须撺掇，朋友们就会主动分享他们花样繁多的"摸鱼划水"办法。

我们可能更愿意将临床精神分析归入"积极有意义生活"的那一边。它试图重新唤起活力，挖掘生活表象之下那些激发创造力和欲望的暗流。但是正如我在后文所说的，临床精神分析的目标并不是给我们灌输某种恐慌的紧迫感，而是要让我们慢下来，鼓励我们以自己独特的节奏去想去说，而非生搬硬套他人眼中最好的生活方式。

弗洛伊德最重要，看似也最自相矛盾的发现之一就是：漫无目的的迂回是接近真理最可靠的途径。"阻抗"（resistance）的概念是临床精神分析学中最广为人知的，但真正理解它的人也最少。它有助于我们理解这一理论。在关于精神分析治疗的讽刺漫画中（有时精神分析师还会拿这些漫画宣传自己），阻抗仅仅是患者面对自己无意识冲动（与性、嫉妒、谋杀有关）的任性顽抗，正是精神分析师必须果断攻克的。

也许物理学中的电可以帮我们更好地理解这个术语。电路中的"阻抗"即电阻，电子不断撞击导电材料中的固定原子，使它们在流向目的地的过程中偏离轨道。当我们试图倾听和表达自己的想法与感受时，类似的障碍也会阻挡我们。当弗洛伊德意识到，他和病人都不能轻易克服各自的阻抗时，精神分析就应运而生了。我们脑海中的思想也像电子一样，在抵达终点的过程中总要与横行逆施之物发生碰撞，支离破碎。

短期的认知心理疗法试图向患者表明，这种阻抗可以通过更多的积极思考来克服。以这种观点看，那些阻碍我们生活进步的惯性力量——绝望、无能、倦怠、冷漠，都只是需要纠正和改掉的错误而已。精神分析学科的发展是漫长曲折的，治疗结果往往也很不明朗，因为精神分析同时也将这些阻力视为我们自身存在的基本，视为构成我们自身结构的固定原子。

而这些"固定原子"便是这本书的主题。本书核心的四章讨论的是四种惰性人格：倦怠者、懒虫、白日梦想家、游手好闲者。这几种类型的人，无论是出于自愿或是必须，最终都选择了不工作，或者至少是在盲目地工作。他们在生活中或多或少地悲观厌世、虚度时光、宅在屋里、无所事事，并拒绝任何强加给自己的日程安排。现代社会高速运转、过度活跃，令人筋疲力尽，他们以各自的范式身处其中并做出反抗，向我们展现了诸多不同的生活可能性。我所说的"范式"只是一种方式，而不是一种理想模式。正如我们将会看到的，拒绝去做当务之急的工作时，这四类人都有可能陷入一种或多种僵局：抑郁疲惫、无精打采、寂寞孤独或被边缘化等等。换句话说，本书展示的这四种人，与其说指引了我们该如何生活，不如说提供了关于我们目前生活方式颇具启发性、富有成效的问题。

这四种类型远远没有涵盖所有对"不工作"状态的形容描述，彼此之间也并不是完全对立的；相反，它们经常出现交集，也难免重叠。它们是我从自己的经历和反思中，从切身体会到的文化和观念中，从日常的临床经验中提取出来的四种类型。

这四种类型被划分为两组，一组是"重力"，另一组则是"反重力"。这样划分的灵感来自神话中伊卡洛斯的故事 24。伟大的工匠代达罗斯被囚禁在他为克里特国王米诺斯建造的迷宫中，因为他帮助了米诺斯的敌人忒修斯从迷宫中逃走，打败了牛头人身怪弥诺陶洛斯。代达罗斯用蜡和羽毛为自己及儿子伊卡洛斯制作了逃跑用的翅膀，叮嘱伊卡洛斯一定要在半空中飞行。然而伊卡洛斯兴奋地冲向天空后，由于离太阳太近，他的翅膀被烤化了，他一头掉进了海里。

代达罗斯凭借想象与创造摆脱了禁锢自身的枷锁，但是办法成功与否，有赖于在违抗和接受重力之间微妙斡旋。如果伊卡洛斯过于顺从或太过藐视地心引力，都将遭到后者的报复。

第一组类型可以被描述为地心引力的奴隶，盘旋于离海面很近的地方，被自己的身体和情感重量压得喘不过气来。第一章所写的倦怠者，是四种类型中反应最为明显的。他一生都被盲目的冲动驱使，去行动，去取得成就，一种猝不及防且无法抗拒的"停下来"的需求终于使他脱轨，他只能听天由命。第二章围绕着懒虫展开论述，他们心甘情愿地接受了同样的需求，将懒散疲倦、暴饮暴食以及领取政府津贴度日变成了一种可以选择的生活方式。

第二组类型则寻求与此相反的冒险，试图逃脱或反抗世界的惯性力量。第三章的白日梦想家通过放飞想象来逃避日常生活的负担，而第四章的主人公游手好闲者，找到了一种途径，将对现实生活及其需求的反感，转化为具体的气质精神和生活方式。

每章都以一个简短的临床案例作为结尾，探索特定类型和个体患者之间存在的一些共鸣。每位精神治疗师书写临床工作时，都面临着两个彼此难以调和的要求——尊重病人的保密权和满足读者对临床真相的期望。我很重视病人的隐私权，书中的每个案例都融合了多个真实病例，掩盖了患者病史之中很多相关信息。我这样做的理由是，我的受众是普通读者，而不是专业研究人员，在这种情况下，保护隐私绝对是必要的，在这一点上不能妥协（对隐私的保护不可能只有"一点"或"一部分"）。另一方面，临床真相是一个更为灵活的概念。我希望在不透露具体细节的情况下，这些个人小史能传达出精神分析过程中的一些精髓和意蕴。

这些章节与现代艺术及文学史上四位重要人物的小传交替出现，安迪·沃霍尔（Andy Warhol）、奥逊·威尔斯（Orson Welles）、艾米莉·狄金森（Emily Dickinson）以及大卫·福斯特·华莱士（David Foster Wallace），他们将冷漠、懒散、孤僻和无聊的感觉转化为非凡的文化成就。虽然每个人都与我们之前提到的类型有着些许关联，但之间没有严格地一一对应，因为在现实之中并没有如此纯粹的四种类型。这四个人之中的每一个，都会或多或少地显现出这些类型的不同维度。

这四个人的与众不同之处在于，他们都有着异乎寻常的创造力，多产且执着。这正是我选择他们的原因。这些男男女女的过人之处即是他们各自找到了一套方法，将对于行动和意义的怀疑作为幻想世界的助推器，激发实际创作。他们的想法与那些司空见惯（且毋庸置疑）的观点（抽出时间休息有益于创作，抑或"工作与生活应达成平衡"的健康论调）有着极其明显的不同。这些经常得到商界大师认可的观点，其目的是让人重新获得高效率和注意力，在休息后能再次奔赴职场，并全身心投入。

艾敏并没有从精神紧张的崩溃中走出来，去整理她的床，而是让那张床保持了凌乱不堪的样子。对她，以及对沃霍尔、威尔斯、狄金森和华莱士来说，这绝不是将消极状态转变成积极状态的问题。吊诡的是，创造性恰恰育于消极状态中。正如

什么都想做，什么都不想做

我们将会在每一个案例中看到的，疲惫不堪、失眠多梦、暴饮暴食、挥霍无度以及散漫懈怠都成了这些人生活和工作中不可思议的助推要素。

"不工作"的价值几乎总是取决于它在多大程度上为"工作"效劳，现在到了我们为"不工作"本身的价值及其创造的可能性大声疾呼的时候了。

第一部分

重力

第一章

倦怠者

几年前，我连续数月每天都要照顾一只名叫肉肉的兔子，累得筋疲力尽，最终它在寒冬的某一天被狐狸吃掉了。养它没过多久，我就开始反感这一切——那个散发着树脂气味的小肉球总是围着自己的尾巴打转儿，笼子底下粘着一簇簇潮湿的干草和锯末。再有，就是肉肉自身存在的问题了。

我儿时对兔子的认知来自刘易斯·卡罗尔（Lewis Carroll）和毕翠克丝·波特（Beatrix Potter）的童书，以及迪士尼和特克斯·埃弗里（Tex Avery）的动画片，兔子拟人化的形象在我脑海中挥之不去，而在我成年后，这种迷离的印象仍缭绕在我心头。我并不期待肉肉会像虚构作品中的小兔子那样顽皮淘气、温顺善良，或者激动过头，然而，如果要求它摆出一些小动物渴求怜惜的姿态——递来一个让人亲近的眼神，用毛茸茸的脚掌拂过我的脸颊讨我欢心，这样算是过分吗？

也许是对兔子表现出来的空洞茫然感到气馁，我们觉得有必要按照一厢情愿的想象来重塑它们在自己心中的形象。肉肉让我知道了这种癖好是多么没有意义。尽管它暖融融的肉身在我的前臂上起伏着，却传达出一种和我分属不同世界的感觉。它好像不认识我似的，没有表示出一丝善意、敌意、好奇或是关心。我开始理解那些蹒跚学步的孩子逗弄自家宠物或刚出生的婴儿时，因为对方毫无反应而流露出的愤怒了。

有一段时间，我被肉肉表现出的冷漠，以及我在拉近彼此之间距离感上的无能气得火冒三丈。即使它毛茸茸的身体蜷缩在我怀里，我也觉得我之于它的意义无异于碎木屑铺成的小窝。

它这种爱搭不理的存在方式，与尼采早期那篇讨论历史用途的著名文章中所描述的牛的麻木迟钝有着很多相似之处。尼采写道，吃草的牛"沉浸于它们此刻那点小小的爱憎和恩惠，既不感到忧郁，也不感到厌烦"[1]。肉肉就像那头牛一样，既不为过去感到遗憾，也不为未来感到焦虑，生活中没有记忆和期待的负累，这就意味着它既不会因为我离开而想念我，也不会因为我回来而前来迎接。尽管它依靠我来满足基本日常的需要，而且它在我的心里有着那么重的分量，但我对它来说毫无意义。没想到，这个看上去如此温顺的小动物竟能如此无情。

有一部分原因是时机不对。我当时正在进行紧张累人的精神分析培训，与此同时，还继续着全职教学工作，每个时段都在不同的身心状态之间切换着。当时的我就在一种身心俱疲的状态中照料着肉肉，埋怨自己为什么要把时间花在照顾一只没头没脑、不知感恩的兔子上面。

但随着时间的推移，导致我愤愤不平的倦怠感最终又逐渐消解了这股怒气。我开始体会到一种内心萌生出的从未有过的亲近感，这也可能与我的默默付出息息相关。在被白天的工作折腾得心力交瘁之后，我会坐在肉肉身边，看着它在某个"平行宇宙"中漫步，轻触着我内心同样隐秘、同样自我封闭的空虚。我能体会到它在与我相处上的无能为力。我在它对我的沟通无能中得到了启发。我在它空洞的眼神和漫无目的的忙碌中获得了共鸣，它对世界流露出的冷漠，以及对我的视而不见，我都感同身受，甚至还有一丝嫉妒。

发现肉肉不用为内在成长和变化付出努力时，我对它所处世界的迷恋就更深了。来到世界的那一刻，人类就注定要经历一场我们无法自行选择的认知和情感发展。这个过程的基石，是学会歧视与喜好。弗洛伊德认为，这就是我们成为自己的第一步。通过嘴巴、眼睛、鼻子或皮肤来了解外部世界，我们会适时地喜欢或拒绝一些事物。我们经由自己的判断，通过对这个说"是"、对那个说"不"来成为我们自己 [2]。

我坐在潮湿的地板上，肉肉则在我膝盖上断断续续地抓挠着，它并没有必须说"是"或"不"的负担。它体会到的是不受个体感情影响的基本需求，而非私人化的感受。它毫无自我，也就不会受到欲望的侵袭和干扰。

现实中的兔子如此清心寡欲，也许很难与人们印象中兔子性欲过盛的形象画等号。然而英语中，"像兔子一样做爱"确实意味着浑浑噩噩地做爱，并非出于对特定身体的真实渴望。畅销情趣按摩仪"狂野兔"的制造商想必就是因此选择借用了兔子的名称和造型，将之运用到产品中，以此来突显一种高效而无关人性的性爱。

那么金霸王电池广告中那只粉色兔子上了发条似的动作，还有直愣愣瞪大眼睛的微笑又该如何解释呢？它暗示着我们的生活可能会进入一种自动化的状态，这让人恼火，却又不可抗拒。它不停地运动，动力并非来自任何个体目标或欲望，而是由无穷无尽不受个体感情影响的能量驱动。藏在它龇牙咧嘴的笑容背后的，无疑是一个毫无生气的形象，这就是我们末世流行文化之中无处不在的象征，它陷入了一种盲目前进发展的炼狱之中。

我每天都能听到自己内心深处那只兔子白日梦般的附和。我的咨询室里回荡着人们与世隔绝的渴望，充斥着对不工作、欲望、感受的幻想，充斥着从人类日常脑力劳动中彻底解放出来的念头。患者会用一种不受痛苦和病态折磨的语调说："我并不想自杀，我只想与现实脱节一小会儿，或者，有时我只想从这个世界上消失。"

这样说是因为他们意识到，一旦离开这个房间，世界就会再次向他们负担过重的思想和身体施压，唤起他们的好奇、困惑、忧虑、愤怒、激情和希望。过去如此，未来也会是这样。

他们遭遇了一种人类特有的困境：他们有想要活下去的冲动，希望通过参与和贡献来增强自己于世界上的存在感，同时却也产生了一种相反的冲动，想要退缩到兔子那种冷漠和中立的状态中。然而重新感到世俗的需求和欲望的侵扰时，他们就又一次把这种退隐的想法抛到了脑后。

在这两个极端之间来回摇摆让人精神崩溃，从而破坏了工作和休息的节奏。这些疲惫不堪的职场人士谈到自身感受时通常会提及"过劳倦怠"（burned out），这个词语将他们的不适与工作生活的外部压力联系起来，而非承认痛苦来自内心世界的动荡不安，从而规避了"抑郁症"的污名。1974 年，德裔美国心理学家赫伯特·J. 弗罗伊登贝格尔（Herbert J. Freudenberger）首次将"工作倦怠"（burnout）一词用于心理治疗领域，用来指"过度劳累或压力导致身体或精神崩溃"这一日益普遍的现象。

根据安娜·凯瑟琳娜·夏弗纳（Anna Katharina Schaffner）所说，弗罗伊登贝格尔注意到，倦怠的人有一种将工作关系"去人性化"的倾向，对同事和客户的感受、需求漠不关心。筋疲力尽的职场人士耗尽了对自己和周围人的积极承诺，绝大部分内在资源消耗殆尽。过劳会引发他们对休息的强烈渴望，同时又感到这种渴望无法实现，总会有一些需求、焦虑或令人分心的事让他们无法如愿以偿。

诸如此类的经历在格雷厄姆·格林（Graham Greene）1960年的小说《一个自行发完病毒的病例》（A Burnt-out Case）中得到了生动诠释（"burnout"一词进入大众视野，小说的名字可能有很大功劳）。格林将主人公——建筑师奎利的精神倦怠与他在刚果麻风病人聚集地目睹的"自行发完病毒的病例"相提并论。就像麻风病人四肢麻木，对肢体的感觉已经消失，奎利认为自己达到了无欲无求的状态，在一种倦怠的冷漠中等待着余生的结束，他的情绪就像被截肢了一样，是一潭死水。

然而，只要奎利还活着，他就不会真的"无欲无求"[3]，总会有某件事情刺激他或有人前来打扰他。咨询室里充斥着同样的束缚：患者希望隔绝所有打扰，保持平和的感觉，与此同时他们痛苦地意识到，这个世界依然存在，电子邮件、电话留言以及各种其他要求和干扰也在不断堆积，即使在 50 分钟的咨询期间也不曾中断。

　　对格林来说，这种倦怠感从根本上说是一种精神的萎靡，是对普世意义的信念消耗殆尽。倦怠，是中世纪社会所谓"淡漠忧郁症"（或"精神危机"）的一种更现代化、更世俗化的叫法——夏弗纳在她关于"疲惫"的历史考据中证实了这两者一脉相承的联系。

　　中世纪的神学家从希腊语中借用了"acedia"这个词，意为漠不关心或毫无感情。这是最危险的精神状态，因为它腐蚀的不仅仅是某种信念，而是侵害了信仰的底线。如果你觉得这个世界是虚无的，而且是毫无希望的，这就意味着你从世界中清除了上帝的存在。这会对教会、修道院和其他宗教组织构成致命的威胁，并可能削弱这些宗教团体赖以生存的精神和物质资源。

　　患了淡漠忧郁症的修道士失去了专心奉献的目标，就会出现消极厌工以及焦虑分心的状态。他缺乏推动信仰和祈祷的意志、纪律和精力，只能做些无意义的事情消磨时间，比如闲聊和吃零食，而这又加剧了他的焦虑，阻碍了他与上帝的沟通。夏弗纳写道："就像神经衰弱者和过劳者一样，那些饱受淡漠忧郁症折磨的人在'懒得动弹'和'坐立不安'之间摇摆不定。"[4]

提到"倦怠"，我们仍然会想到这种修道士的形象，即使我们对这种精神状态的命名和理解都发生了变化。19世纪晚期的诊断专家创造了"神经衰弱"（neurasthenia）一词来命名同样的不适，现在人们把它理解为现代城市、工业社会的日常刺激（肌肉、精神、感官、鸦片和性爱刺激）造成的神经系统负担过重。

神经衰弱病例中最著名的当数病弱的贵族让·德泽森特，他是 J. K. 于斯曼（J.-K. Huysmans）1884年经典小说《逆天》的主人公。他经历了许多悲喜交加的考验，在性爱和毒品的蹂躏后，他不顾一切地想让身心回复到平静的状态，最终却徒劳无功。

让·德泽森特将他在巴黎郊区的别墅底层改造成了一个巨大的视觉陷阱，在修道院禁欲主义的表象下，充斥着颓废奢华的感觉。让·德泽森特本身就是懒惰隐士或修道士的现代翻版，于斯曼暗示："他像一个隐士，已经适应了孤僻独处，生活已经使他疲惫不堪，他对生活已不再抱什么希望了；他就像修道士一样，被一种极度的疲倦、一种对和平与安宁的渴望，以及不再堕入尘世的愿望所压倒。"[5]

一个幻想自己能够暂时死亡或消失的病人，通常也处于同样的焦虑疲劳状态中，即"开始"与"停下"之间的一个模糊地带。他们也渴望从外部世界以及它所带来的紧张的精神状态中得到彻底的解脱。

弗洛伊德根据英国精神分析师芭芭拉·洛（Barbara Low）的建议，将这种渴望命名为"涅槃原则"（Nirvana principle）[6]，借此表达了对早已存在的佛教理念的一种认可。在佛教经典中，灵魂的理想境界，是从日常萦绕在脑中的贪、嗔、痴中超脱出来。

在我看来，肉肉就处于这种温和无害，又拒人于千里之外的状态，就像它从来不会受到日常情绪的折磨。它的细小动作并没有表现出爱慕、憎恨或是担忧，而代表着一种纯粹的、不偏不倚的生存状态。肉肉代表了我内心的一种渴望，去解开生活纠缠着我们欲望和依赖的结。我凭直觉从它身上感受到了古往今来令无数诗人和神秘主义者倾倒的那种极乐的漠然，就像济慈在《怠惰颂》中所颂扬的精神和感官上的麻木：

> 痛苦不刺人，欢乐没鲜花炫耀：
> 你们呵，为什么不化掉，让我感知
> 谁也没来干扰我，除了那——虚幻[*]？[7]

济慈深知我们无法在这种虚无之中建立一个家园，痛苦和极乐会潜伏在暗处伺机入侵。我们作为不同个体所经历的瞬息万变的生活，是不同于兔子平淡无奇之存在的另一个世界。然而，所有人都有着这种动物的惰性。这正是济慈对我们心灵深处潜藏懒惰的召唤。在我们对欲望的急切追求中，隐藏着一种

---

[*]　此处译文引自屠岸译本。——编者注

对欲望泯灭的渴望。

用法国精神分析师皮耶拉·奥拉尼耶（Piera Aulagnier）的话来说，这种渴求冲动，或者"无欲之欲"（desire for non-desire）是一个"奇耻大辱"，成为我们精神生活中最令人费解的谜。我们内心深处的欲望怎么可能是"熄灭欲望"呢？我们当中许多人不正是在盲目执着地追求着自己强烈的欲望吗？

"无欲之欲"[8]这个短语并没有把"无欲"和"欲望"置于矛盾对立的境地，反而引出了它们之间的纠葛。它向我们指出了人类经历中一个令人沮丧的悖论，那就是即使什么都不奢求，其本身也仍然是一个欲望。

另一位中世纪的僧侣，12世纪的日本僧人鸭长明（Kamo no Chōmei）在试图打造一个"精致的栖身之所"[9]时，将这一悖论精炼而优美地表达了出来。鸭长明写到，他为自己在日野山建造了三米见方的隐居之所，以此躲避自然灾害的侵袭和人类世界的威胁。他过去生活在城市里，目睹了普通人的日常生活如何被火灾、洪水、旋风和地震所困扰，还有统治阶级制造的祸端。这些灾难让鸭长明意识到，世俗的欲望如此渺小无谓。在他那来之不易的清心寡欲之所，他可以沉浸在花花草草、仙乐飘飘、闲庭信步的悠然乐趣之中，领略周围山峦崇高壮丽的美景。

事实证明，事情远没有那么简单。在回忆录《方丈记》的开篇，鸭长明吟咏了山居生活的乐趣，但趋于尾声的时候，他却涌起了强烈的自责："我佛教之旨，凡事勿执念。今爱我草庵，亦是有罪过。执着于闲寂，碍悟道往生。为何流连于无足轻重之乐而虚度时光？"10

这是一个极其荒诞的讽刺：从所有的执念中抽离后，却发现自己变得执着于放下。如果去探求无欲，就有可能落入欲望的陷阱。这就是我羡慕肉肉的原因，它不费吹灰之力，不用煞费苦心，就可以没有目标和计划地活着；然而对我来说，就连"没有计划地活着"这件事本身也会成为一个计划。这也正是鸭长明感到如此挫败的原因。"放弃所有的欲望"与"从未有过欲望"有着天壤之别，就像人与兔子的区别一样大。

在我看来，肉肉天生就是冷酷无情的，从来没有做出判断或偏好的能力或倾向。它所拥有的空灵清净是人从出生的那一刻起就被剥夺了的，就连隐居在大山深处、修行至高的大师也无法达到那种境界。

如果久居山林之地的高人都办不到，那像我们这样的尘网中人肯定更是无法企及。在这个世界里，我们感受到的是一种近似于金霸王兔而非肉肉式的冷漠。虽然金霸王兔像真正的兔子一样没有思想，却缺乏后者那种无忧无虑的沉静。在我们被无休止的工作和诱惑不断包围的文化中，我们的冷漠并不是涅槃般的平静，而是看上去死气沉沉，内心却躁郁不止，或者陷入如作家艾弗·索思伍德（Ivor Southwood）所说的"永动的惯性"，一种掩盖了我们灵魂"潜在停滞"的永恒运动的状态。

如今的"无欲之欲"（借用奥拉尼耶的表达）已被认为是社会和精神生活之中的"奇耻大辱"。面对社交媒体的白噪声，还有什么比宣告自己未被打扰更可耻的反应呢？在工作和家庭中，周遭的屏幕迫使我们不断费心动脑，无法沉默冷静下来。用意大利社会理论家弗朗哥·贝拉迪（Franco Berardi）的话说，我们生活在"一个充斥着行动刺激的认知空间"[11]，有着金霸王兔那样永不停歇的惯性，而不是真兔子那种与生俱来的惰性。

我们每天都被雪崩似的数据和刺激轮番轰炸，超出了我们处理或驾驭事情的能力。如果我现在打开电脑，几秒钟之内就可以看到极右翼运动现场、高利贷公司、上层社会饮食的奥秘、性虐待幻想和圣战分子等等内容；进入任何一个社交媒体应用程序，关注、点赞、评论、更新、上传，还能连接到无数的朋友和陌生人；或者随便下载一个约会软件，浏览目不暇接的美丽、悲伤、狡诈、愤怒、邪恶以及充满希望的面孔。

这个前所未有的、令人神经衰弱的世界不断要求我们去选择、站队、参与和取舍。在这种情况下，我们连自己的欲望底线也无法满足。受制于斯洛文尼亚哲学家和社会理论家蕾娜塔·莎乐塞（Renata Salecl）所说的"选择的暴政"[12]，我们的欲求力就像一个受损的内脏器官，严重过劳、甘拜下风，只能苦苦祈祷自己免于选择带来的严重焦虑。

咨询室见证了这种日常暴政的淫威。每天，候诊的人们和确诊的病人都在谈论他们在婚姻、事业、家庭和友谊中进退两难的困境。他们的思绪起伏不定，往往伴随着更多的恳求，让我帮他们从优柔寡断和矛盾心理中解脱出来，然而却少有减轻负担或者找到解决方案的时候。决断力的匮乏，连同随之而来的焦虑和衰弱成了灵魂的乙醚，作为不可或缺的要素与他们自身融为一体。

对于一个把生活困境带到咨询室的患者来说，这并不是什么新鲜事，也没什么非同寻常的。选择困难比精神分析存在的时间要久，和人类自由本身一样有着久远的历史。然而，当我反复听到这些陷入僵局、令人痛苦的病情描述时，我那把分析师座椅就好像一个情报站，监听着我们这个时代所特有的一种不安。这种隐忧从说话人单调乏味的声音中就能听得出来。我有时觉得，这种声调表达出了很多病人无人知晓的秘密心态——不做任何选择，也不用承担选择带来的任何损失与动荡。他们只想什么都不做，回到毫无行动的原点，回到一种无欲无求的状态。

近年来，数不胜数的畅销书、文章和 TED 演说都在讨论网络时代我们所面临的层出不穷的公共和私人决策，面对这些强加给我们的选择，畅销书作家和演说人试图为我们的惰性提供改良的妙方，引导我们穿过焦虑不安的丛林，去发现我们内心真正的渴望。然而，他们都没有考虑到这样一种可能性，那就是我们真正想要的其实是不用做出任何选择。我们文化中"非做不可"的精神被彻底根植于我们体内，以至于我们无法听见，甚至想象一个叫停的声音。撇开其他不谈，咨询室至少提供了一个可以倾听到这种意愿的地方。在清晨和晚间的就诊时段，也就是患者经过公司财务或法务高压熔炉的煎熬，即将结束一个漫长的工作日之际，我听到了他们以同样低沉的声音说："我太累了，我可能分分钟就会睡着。""我受够了这一切。我只想停下来。"

我在咨询室里听到的话语，经常与现实生活和文学作品印刻在我脑海中的词语（以及图像和感觉）交织在一起。比如，听到"想睡觉，什么都不想做了"的诉求时，赫尔曼·麦尔维尔（Herman Melville）笔下那个面容憔悴的法律书记员巴托比口中不断的抱怨便又不请自来地在脑海里重复："我宁愿不做。"这不仅仅是联想，更是一份来自无意识的礼物，传递到我有意识的耳朵，暗示我该如何听懂患者的表达。

这些来自内心的信息深深烙印在与书中话语对白相关联的记忆中。每次想起《书记员巴托比》里的那句名言，我也会被勾起这样一段记忆：从高中毕业到进入大学之间那闷热而无所事事的几个月，我突然间失去了目标和方向，也正是那时，我的书架成了茫茫海洋上随风雨飘摇的救生筏。

离开高中结业考试的考场时，我抬头望着六月骄阳，仿佛那是对我接下来这一年计划的巨大肯定。我会追随着前辈熠熠生辉的足迹，打工、存钱、旅行，然后满载对无限世界的新鲜认知回到校园，开启我的大学时代。

然而仅仅几天的工夫，我就洞察到一个残酷的事实：想象和行动不是一回事，好不容易树立的信心就在盲目的恐慌中乱了阵脚。我自以为安排妥当了间隔年的计划，完全没有考虑到实际执行中的问题。由于没能找到一份正经工作，我只能在接下来的整整九个月里打杂工，忍受销售经理们对我这种做事漫不经心、无可救药之人的怒火，而这九个月里赚到的薪水也只够买张到河内或布拉迪斯拉发的往返机票。我没有同行伙伴，也突然意识到自己并没有旅行的欲望。我想象着自己漫步在罗马的门廊、清迈的寺院、果阿的海滩，却只感到一种沉重的、下坠的了无生趣。

后来，我给录取我的那所大学打电话，当被告知可以在那年秋天继续学业时，悬在我心上的一块大石头总算落地了，但是这种松心的释然夹杂着苦涩的挫败感。那么接下来呢？距离开学还有两个多月，我可以随心所欲做任何事情，或者去任何地方。我在伦敦漫无目的地游荡，睡到日上三竿才随便拿起一本书，从一个公园闲逛到下一个。现在的我已经过了不惑之年，深陷成年人责任的泥沼之中，很难想象还有比肉肉每天单调的小满足更幸福的生活，但对当时处于青春期的我而言，在青天白日下挥霍时光毫无疑问会令人消沉困惑，这是一种从自我肯定之中难以解释的坠落。

那时的我与巴托比一拍即合，他出现在麦尔维尔的小说集里。在我写作这段文字的时候，这本 1961 年由新美国图书馆出版的平装书就放在我的左手边，封面上印有比利·巴德*轮廓分明的半身像。书页脱线了，所以我不敢以太大的幅度翻页。

---

* 比利·巴德：麦尔维尔小说中的人物，水手。——编者注

那天，一阵突如其来的微风把我吹醒了，害我比平时起得早些。这本书平放在一套《消失的战线》和《五伙伴历险记》上面，我把它取下来，沐浴在露台的晨曦中开始了阅读。《水手比利·巴德》篇幅冗长，是个沉重压抑的航海故事，我跳过它去读《书记员巴托比》。

一位姓名不详的律师担任着这篇小说的叙述者，临近故事结尾时他形容自己就像"被雷击了一样……就像很久以前弗吉尼亚州的那个男人，嘴里叼着烟斗，在一个万里无云的夏日下午被闪电劈死了，就死在那大敞的、暖意融融的窗户边。在那个如梦似幻的下午，他一直斜靠在那里，直到有人碰了一下他才倒下"[13]。

这些文字让我既惊恐又兴奋万分，我至今还能清楚地回忆起来这几句话。我突然意识到，自己就像这个被雷击中的人。从我记事起，我就像这位律师一样，深信"最简单的生活方式就是最好的"，只要生活中出现一丝一毫的混乱，便总要设法恢复平衡。这即是我取消间隔年旅行计划的目的，就好像我凭直觉预感到人生的列车即将遭遇脱轨，旋即拉下了手边的紧急制动，及时刹车。

我像这位律师一样，总觉得自己被绑在按部就班生活的轨道上难以脱身，不允许任何动荡"打扰我的平静"[14]。然而我在其他方面明显不同于这位律师。我无法理解他总是打着让一切如常的名义，企图压下所有冲突，无法理解他为何那么推崇永恒的惯性，不允许任何行事中断。

我觉得自己更像巴托比，拒绝被卷入这股暴虐专横的潮流。从他来到办公室的那一刻起，这个面色惨白、身形枯槁、"孤苦伶仃"的年轻人就给这机械运转的宇宙投下了一层阴影，尽管他最初对抄写的工作很有热情。那位律师面临的问题是，他的这位新雇员并非"高高兴兴地勤奋工作"[15]，而是"默不作声、脸色苍白，像台机器般"抄写，这暴露了律师精心营造的完美无瑕的世界，其内核是一种非人的死寂。

然后，在没有任何预兆或解释的情况下，工作停止了。当律师要求巴托比校对一份文件时，他"以一种异常温和、坚定的声音回答道……'我宁愿不做'"[16]。说完这番话，他宣布放弃抄写——事实证明，这是他最终放弃所有工作和活动的开端。

自从这篇小说 1853 年在《普特南月刊》上发表以来，哲学家和文学评论家一直对巴托比这句经常出现在文中的口头禅含义为何感到困惑。但他们所有的猜测只能表明，巴托比的头脑要比这些诠释和定义都高明。谁都读不懂巴托比，他的所思所想根本无法捉摸。那位律师注意到，"他孑然一身，独来独往，完全脱离社会。像是来自大西洋中心微不足道的一块船骸"[17]。不过，他并不是在大西洋中心，而是在大西洋边的陆地上，没有无害地随波游弋，而是悄无声息地腐蚀着他周围的世界。巴托比轻描淡写的婉拒，摧毁了这个世界的根基，就像参孙摧毁神殿的支柱一样。

最后，巴托比一动不动地待在办公室的屏风后面，被解雇后也不离开，逼得律师逃到别处，另租了新办公室，让大楼的新租客去应付巴托比引来的暴怒。"宁愿不做"，意味着既没说"是"，也没说"不"，这种说法蕴含的排山倒海的力量足以撼动非此即彼的二元逻辑。巴托比既不表示同意，也没有拒绝，让他周围的人陷入了灰色迷雾之中，无所适从。

在那位律师的世界里，每件事都各有其位，就像我当时所处的那个世界一样——直到我意外发现了巴托比，也开始在内心的大洋中随波漂荡。我惊讶地发现了一个真相，正所谓世事难料，事情并不会像我所期望的那样一路畅通无阻地发展。就像任何一种有效的干预治疗手段，这个故事与其说治愈了我的抑郁症，不如说是激活了我的好奇心。

20世纪80年代风靡一时的金霸王电池广告中有一条心照不宣的定律，那就是观众永远不会看到兔子因电量耗尽而倒地，就在我们认为它可能会减慢速度的时候，它又一次满血复活，奋力挺过电量耗尽的临界点。我们从未意识到这样一件事：我们可以随时停下来，就像我们可以随时继续工作一样容易。我们没有义务成为自己生活中脸色苍白的书记员，永远朝着一个方向迈出同样的步伐。巴托比那道"温和而又坚定"的雷击，让我和许多着迷的读者萌生出了惊人的共鸣。这不只是一个关于反抗或拒绝的故事，而是暗示着我们内心深处想要踏入冷漠地带的冲动，在那里，判断、选择和决定的义务都可以被永远搁置。

这就是为什么当我听到患者说他们想要钻进洞里躲起来、

变成隐形人，或者不用再关心、欲求、感受，不用再做决定时，巴托比就会来"扰乱我的平静"。像往常一样生活下去会让他们感到不舒服，就像走过场，或是抄写别人的人生，而不是过自己的生活。同样，在那个决定未来人生走向的夏天，我突然觉得，自己那个计划不周的间隔年只是对他人人生的拙劣模仿。不过，我并没有利用自己的这份洞见，去打造一些全新的格局，而是任由它把我推回由那套再熟悉不过的人生脚本所营造的"安全处境"中。

也许我们所谓的倦怠，恰恰是这套熟悉脚本引发的危机，也就是一种与我们长久以来所认同的角色突然疏远的感觉。这场旷日持久的危机同样降临在了麦尔维尔身上。他早年间创作的两部小说《泰比》和《奥姆》在商业上大获成功，出版商、读者和越来越多的家庭成员都不断向他施压，迫使他套用同样的模式写出新的作品。如果扩大写作范畴并发掘更多的可能性，他就会失去大量拥趸，收入也会大不如前。麦尔维尔预见了巴托比的命运，因此放弃了一味重复自己的写作。

但是，他也像巴托比一样，因为这种放弃而招致了厄运。要么去写那些取悦读者、迎合大众的书，却恨自己卑躬屈膝；要么就写自己想写、口味小众的书，最后沦落得身无分文。"去他妈的臭钱，"1851 年，他向朋友纳撒尼尔·霍桑（Nathaniel Hawthorne）如此抱怨，"最让我想拿起笔写下的东西——都不被接受——不会有任何回报。然而，完全用另一套方式写作，我也做不到。"[18]

麦尔维尔处理这一进退两难处境的方式颇具勇气又难上

加难。他一面忍受着那份忧心忡忡，一面选择了另外一条道路（他选择的是为艺术而非求财），放弃了"一个人应该始终保持的那份沉着冷静、安之若素的心境"。

他选择的这条路如此艰难，以至于我们大多数人宁愿陷入不做决定的停滞状态。在我的咨询室里，这种进退两难的困境往往隐藏着一种绝望的诉求：告诉我该怎么办？让天塌下来，做点什么，什么都行，这样我就不必做出选择了。患者可能会以这种呼吁试图避开选择困难症带来的焦虑，以及做出错误选择后难以弥补的损失和痛苦。我们的困境在于，我们所关心的、想要的、喜欢的东西是如此多样甚至互相冲突，这让我们不禁期望自己能够别管这一切，陷入"无欲之欲"的陷阱中。我们要是能变成兔子就好了。

巴托比的律师老板能力很强，有本事将他心中渴望的世界变为眼前现实。

在巴托比来事务所前，律师雇用了两名书记员，"火鸡"和"镊子"，他们俩都有易怒和神经质的倾向，火鸡在上午发作，镊子则在下午现形。律师评论这两个领着全职工资实际却只能干半天活的雇员："他俩交替犯病，好像卫兵换岗一样。镊子发病时，火鸡就无恙，反之亦然，就像是自然安排好的。"[19] 通过这种神奇的"修补镜片"看问题，律师消除了缺陷，将残损破碎的两半儿拼凑成了一个无缺的整体。

巴托比与这两名同事有所不同，他不会中途摸鱼、牢骚抱怨或大声抗议。他会停止工作，但不是为了争取某些权利或保全某些原则（比如为了尊严，或反对剥削）。"我宁愿不做"宣告了他要从理性动机的世界脱身，从交流的共同原则中退出。我从兔子身上体会到，这种抽离方式实在令人难以忍受。如果一个年轻人这样对待我，我会像律师一样，惊得哑口无言。

巴托比的抽离让我想起波士顿心理学家爱德华·特罗尼克（Edward Tronick）著名的"静止脸"实验。在这个实验中，他让一位母亲与她的孩子面对面玩耍，并对孩子的所有声音和行为信息都以爱意回应。接着，特罗尼克让母亲突然面无表情，面对孩子想让她变回常态的一切企图，都无动于衷[20]。孩子最初的激动很快变成了绝望，他整个身体瘫倒在地，把脸转向一边，一副茫然无助的样子，直到母亲终于恢复正常。如果我们试图把婴儿的这种表现翻译为成人的语言，就会在他的绝望中倾听到这样一种认知：他迄今为止投入的现实世界原来只是一个空洞的假象。同一个世界，上一秒看起来还是如此生机勃勃、变化多端，充满了各种要识别、区分和关注的鲜活事物，下一秒就已沦为一片冷漠无情的不毛之地。

听到巴托比说"我宁愿不做"时，我们仿佛亲身经历了这个婴儿在实验中的震惊。我们原先对整个世界的笃定以及对自身行为意义不假思索的信念消失殆尽，眼前是一个阴影重重的世界，身处其中，人生是要继续下去还是停止都无关紧要了。我有时会想，这也许就是律师在故事结尾发出如此哀叹的原因——"啊，巴托比！啊，人啊人！"[21]

一些评论家在巴托比的这句口头禅里看到了他与皮浪（Pyrrho）思想的呼应。皮浪生于公元前 4 世纪中叶，是怀疑论的奠基人。皮浪的学说在 1 世纪被称为皮浪主义，也就是后来广为人知的怀疑主义。我们只能从后世作家的第二、三手资料中得知皮浪的生平和箴言，而他们难免因自身的兴趣和关注的议题而曲解皮浪的观念。在与亚历山大大帝东征的途中，皮浪遇到了印度的神秘主义者和哲学家，这对他的思想产生了深远的影响。

关于皮浪生平的许多民间传说都被收录在了 5 个多世纪后第欧根尼·拉尔修（Diogenes Laertius）所编著的举世闻名但不可尽信的《名哲言行录》中。民间流传着很多皮浪真假难辨的奇闻逸事，比如传说他在世上四处游荡，毫不在意避开"马车、悬崖和诸如此类的危险"[22]，全靠跟随在侧的亲密友人救他于危难之中。

据说，他对危险熟视无睹，与他承担苦差事时满不在乎的态度如出一辙。生活在一个高度重视贵族出身和才华的社会里，他却亲自清洗衣物、擦拭家具、在市场上买卖活禽。据书中所述，"对于给一头猪洗澡，他也表现得毫不在乎"[23]。皮浪显然过着他所推崇的一种"不动心"（ataraxia）的生活。他在海上遭遇过一次猛烈的风暴，他指着一头在甲板上吃东西的猪安慰惊慌的同伴，说能保持平静之心的才是智者[24]。

不管是猪、牛还是兔子，我们都将自己永远无法实现的"无欲之欲"投射在了它们身上。皮浪认为，这种智慧来自他凭直觉感知到的"无可无不可"真理，也就是对于任何事物，"这一个都并没比另一个好很多"。有了这个领悟，所有的判断和决定都可以一笔勾销，所有显而易见的区别也因此化为乌有。正如后来的皮浪主义者们所认为的那样："人永远不能只依托事物本身去理解它，只能透过与它相关的其他事物把握它。因此，一切都是不可知的。"[25]

如果所有的事情都是不可知的，那么就没有什么特别的理由悬崖勒马，或者担心风暴更胜担心口中的食物；所谓"临阵脱逃""贪生畏死"的本能就成了纯粹的偏见。如果人生是一场无可救药的无知，那么避而不尝艰辛，小心翼翼地过活就太蠢了。相反，真正的智慧在于从人生中逐渐抽离出来，尽管在这一点上，鸭长明的谨小慎微提供了很多值得反思之处——即使我们试着从人生中抽身，不知何故还是会更加深陷其中。

就像第欧根尼·拉尔修所写，"在某些权威看来，怀疑论者最终想要达成的是麻木无感，而在另一些人看来则是平淡和缓"[26]。据说皮浪一贯面无表情，不管他感觉如何，也不管他周围发生了什么。他对世事全然漠不关心的状态令我着迷，尽管沉醉之中也潜伏着婴儿对母亲无动于衷的脸庞及其中空虚流露出的恐惧。

如今，没有人能摆脱政治家、广告商和心灵鸡汤大师倡导"活跃"、"责任心"和"积极主动"的声音。

艾弗·索思伍德在《永动的惯性》中对当下恩威并施的社

会公益文化有过鲜活的阐述。申领求职津贴的人必须写下内容详尽的求职日记，证明自己付出了努力，"每周至少做了三件积极的事情"[27]，否则这份福利就有可能被取消。索斯伍德说，比写下这三件事的内容更重要的，是必须拿出实实在在履行了它们的证据。只要偏离了这种强制乐观主义，只要没能做够这些积极的事情，就可能招致某些惩罚。不管求职者多么沮丧，他都必须让自己适应这套强颜欢笑、积极进取的繁文缛节。

这种文化导致了一种死气沉沉的冷漠，同时禁止大众将这种冷漠表达出来。政府官员和大众媒体同声谴责，将"身心疲惫"视为乞求社会施舍的骗子、渣滓、吃白食者及街头混混的阴谋诡计，他们想以牺牲他人的努力为代价过上安逸的生活。我们中的许多人可能也有着同样的惰性，也感受到了人生意义和欲望的渐渐丧失，但是在没有人情味的社会和对痛苦置若罔闻的世风之下，很少有人敢站出来发声，更不用说付诸行动了。

也许这就是巴托比的幽灵悄然溜入我们内心世界的原因。由于没有直接宣泄的出口，惯性以越来越极端的形式表现出来：令行禁止的金霸王兔子最终会耗尽电量；办公室里"默不作声、脸色苍白，像台机器般"抄写文件的瘦弱职场新人，注定有一天也会停下不干。世俗中无穷无尽的要求与我们自身能力界限之间的裂隙，终究有一日将无法填平。

我们屈服于"倦怠"的冷漠和消沉，似乎是一种消极的附和，甚至是对过度劳累、倍道而进的文化所做出的虚无主义回应，但至少它表达了一种强烈的不满，拒绝（或无力）一门心思地奔向那些飘忽不定的目标和理想。

　　而格雷厄姆·格林在这个问题上看得更远，他通过笔下的主人公奎利指出了倦怠会带来的道德可能性。奎利宣布放弃了自己宏伟的建筑计划，因为他找不到其中存在的任何意义或者美德，转而去追寻更加接地气、切实可行的目标——为中非灾民建立设施完善的医院。

　　面对周遭消费主义社会蔓延的贪婪理念，奎利所表现出来的那份恨之入骨，也在我们这个时代引发了越发强烈的共鸣。近年来，一直被奉为高效经济生产和文化典范的日本就见证了这种倦怠心态的大规模爆发。

　　20世纪90年代初，日本年轻有为、致力于心理分析的精神病学家斋藤环（Saitō Tamaki）在东京东部的一家医院担任医师。斋藤发现自己被淹没在众多父母的苦苦哀求声中，他们登门拜访，为长期宅在家中、闭门不出的孩子求医问诊。诸如此类的病例数量与日俱增，其中存在着很多惊人的相似之处：青少年和年轻人，大部分是男性，放弃了学业、工作，拒绝和外界的一切接触，躲进了自己的卧室中。

　　在接下来的几年里，斋藤环致力于对这些年轻人的生活进行临床和理论研究，在此过程中，他发现了一种叫作"社会退缩症"的流行病，正在影响着多达百万名患者及其家人，日本内阁府2010年的一项调查最终证实了这一数据的准确性。1998年，随着斋藤环的畅销书《蛰居族》（Hikikomori）的出版以及他在媒体上的频繁曝光，他将"蛰居族"的生活公之于众，赋予了了这一族群在日本文化中的地位。

美国记者迈克尔·吉伦吉格（Michael Zielenziger）在2006年出版的《遮住阳光》一书中首次全面阐述了"蛰居族"现象，并将这个社会群体的病症特别归咎于日本的经济和社会病态。吉伦吉格认为，日本工业规范严格的单一文化、耻感文化和人间世准则[28]，以及对个人社会生活的关注，长期以来都与重视"灵活""创新""个性"的崭新的全球化价值观水火不容。因此他认为，蛰居事实上是对个体差异和个人异见遭到抑制的沉默抗议和绝望表达。

斋藤环承认了家庭和社会对蛰居族造成的影响，特别是孝道伦理和耻感文化导致的那种日本特有的龟缩生活状态，但并不认同吉伦吉格认为这种现象不存在于日本以外的言论。他的观点激起了西方学界对这一现象的热议，认为退缩是一种普遍的趋势，在不同社会背景下表现形态各异。斋藤环指出，在英语国家中，也存在着与蛰居族类似的"尼特族"（不上学，不工作，不参加职业培训或进修）*，这一群隐形的社会底层人不会像日本的蛰居族那样躲在家里，而更倾向于长期领取社会福利或流浪街头。

斋藤环的书带我们见识到了"社会退缩"的日常精神病理状态。也许蛰居族内心生活最显著的特征就是一种旷日持久的

---

* 尼特族为 "NEET" 一词音译，全称为 "Not currently engaged in Employment, Education or Training"。——编者注

不安感。与这些年轻的男女聊天谈心，与其说他们在爱搭不理的懒散中度日，不如说他们深陷痛苦的束缚之中。斋藤写道："事实上，他们每天都被自己无法融入社会生活的焦躁和绝望情绪所困扰。"[29] 与传统抑郁症患者的区别是，蛰居族似乎不太可能沉溺于听天由命的失败主义带来的虚假安慰中，他们反而总想着要下定决心尽快开启新的生活。然而，这种决定往往刚刚做出，就会面临无法实施的痛苦。迈向新开始的冲动只会"变成愤怒和绝望"。

蛰居族陷入倦怠的地狱，既无法获得不做一事的平和安宁，也不可能拥有积极状态的满足感。他们就像塞缪尔·贝克特《等待戈多》中的流浪汉一样，注定要在下定决心却不行动的轮回中循环往复。斋藤环总结，社会退缩症是一种典型的病态。使蛰居族困在这炼狱般灰色地带的，是日本教育体系及其依托的消费资本主义赋予他们的"拥有无限可能性"的幻想。为了做某件事或成为某种人，就必须放弃做许多其他的事或者成为其他人的自由，而这种可能性的限制是蛰居族不能接受的。他们只有把自己监禁起来，才能守住无限的自由。

蛰居族是我们当下社会疲于奔命的文化和层出不穷的诱惑的间接受害者吗？或者，他们是展示这种文化只会招致恶果的先锋？这种文化是不是要把我们所有人变成蛰居族？当然，大多数人没有那么极端的症状，但所有人内心深处都有一个与蛰居族深有共鸣的秘密角落，拼命寻求无人打破的平和，然而只要活着，就永远无法企及。

在候诊室中，来访的病人通常坐立不安，紧张等待着从未见过面的分析师推开房门。对于即将出现的医师，他们心中充满了期待、焦虑和各种幻想。也许这就是为什么初次见面时，他们经常看起来一脸惊讶，就好像在说"你和我期待的完全不一样""你正是我期望的"，抑或"你和我想象的差不多，只不过……"。他们的表情是一种不由自主的无声低语，诉说着忧虑烟消云散（或者尚未平息），好奇心得到满足（或者依然悬在半空）——无论如何，它们都在传递一个信号：不要忘记有件大事利害攸关，哪怕我们还不知道它究竟为何事。

有些人是例外，他们进来的时候就像扑克牌高手或赌场老千，什么也不会说，只想用这种方式打破精神分析师那专业而中立的态度。索菲娅就是这样。她的脸上没有流露出抱怨的神色，没有诉说需求或愿望，当她不慌不忙地走进房间时，脸上的表情也没有因为与我对视而发生改变。

我问她为什么会来这里，出乎意料，当她回话时，我感到了一种厌倦的情绪。她并没有躲避眼神的接触，却以一种略微呆滞的眼神环顾着整个房间。我的存在对她来说似乎只是无关紧要的。她的声音时断时续，传达的不是生动而具体可感的悲伤，而是一种倦怠，一种冷酷而世故的讽刺。

她外在生活的细节让我吃惊，她拥有看似无比光鲜亮丽的人生：她是城市规划领域的人才，在全球诸多艰险而偏远的地方留下过作品。这种生活需要巨大的创造力和耐力，似乎很难与坐在我对面的那个忧郁黑影对上号。

我竭力去听她所说的话，那游丝般的声音传到我耳朵里仿佛一片嗡鸣。她告诉我，在抵达伦敦的几周后，她便陷入了一种难以抑制的沮丧。当她告诉我刚到伦敦的那一段日子其实过得很开心时，我第一次听到了她语调的上扬。她刚结束了在柏林为期两年的项目，获得了一个相当有派头的新职位。结束了前景不明、令人提心吊胆的短期合约，加上初到这座城市的兴奋之情，她满怀希望和期待。

然而，大约四个月前，她一觉醒来，觉得沉重无力，内心枯燥沉闷，好像整个世界都被染成了灰色。她突然对同事日常的玩笑感到不适，也不再参加下班后的饮酒狂欢。同事们也许因此诧异，但他们并没有什么表示。"大多数伦敦人不都是这副样子吗？"

她此前也有过抑郁情绪，但这次却明显不同。以前，她被某种平静的存在感支撑着："我知道情绪低落会过去的，所以我可以告诉自己那些负面想法不是真的，但是不知道为什么，现在每次我试着安慰自己时，就会有另一个声音跳出来说，胡扯，这才是真正的现实，其他的一切都只是一些可爱的小插曲罢了。"

她的解决办法就是投入工作，或者更确切地说，是让自己过度劳累。"不可思议的地方在于，做了这么多事情，忙到了一定程度，你会觉得自己好像什么都没做。你不再热爱这份工作，但也不觉得它讨厌，你甚至没有注意到你正处于工作之中。"正是这种长期无意识的过度工作让她勉强支撑着，但她不确定自己还能坚持多久。

我想知道她这种越来越糟糕的绝望情绪背后是否有童年创伤，内心深处是否压抑着某些往事。更准确地说，我希望是这样，哪怕这种念头令我不太舒服。我需要一个能合理解释她巨大空虚的故事，赋予这空虚一些外在和实质的假象。

然而，她却告诉我自己在悉尼富人区一个充满爱的家庭中长大，这让我百思不得其解。小时候，她的聪明才智、创造力和活力就展露无遗。父母不辞辛苦地接送她上下学，还送她去学芭蕾、绘画和钢琴，辅导她家庭作业，为她准备营养丰富的三餐，他们无疑是成长路上为她加油助威的坚强后盾。她的父母经常斩钉截铁、明明白白地告诉她，她可以做任何想做的事。当然，"你可以做任何想做的事"，这是我们成功文化中无处不在的信息（或是一成不变的理念），无论是迪士尼动画阳光自信的价值观、耐克盛气凌人的广告语，还是"管理大师"和岗上教练的口号，都与此如出一辙。然而，索菲娅的父母为她量身定制了这份信念，在空洞的骨架中注入了情感的血肉。这样的理念不只是一个架空于内心之外的普遍公式，而且是让她百爪挠心的内在诉求。

随着年龄的增长，父母不会将自己对学科和职业的偏好强加于她，反而对她如何规划未来充满好奇，不遗余力地为她提供工作机会，带她提前参观大学校园，并介绍她结识各行各业的专业人士。他们热衷于探索她每一份转瞬即逝的热情，捕捉她不甚明朗的志向，哪些愿望是她的，哪些是她父母的，渐渐越来越难分辨。

当自身能力和外部现实不再约束你的时候，你反而既不安心，又无法放松。这和超我的需求截然不同，没有对着你的耳朵下达权威（父母、老师、老板）禁令的内在驱动。社会理论家韩炳哲（Byung-Chul Han）所说的"成就型社会"就避开了禁令和要求的力量，不要求"你必须做到"，而倾向于激励我们"你可以做到"。

这就是弗洛伊德所说的"自我理想"，父母潜意识中坚信我们完美无瑕，这份信念从出生起就投射到了我们身上。借用弗洛伊德不乏揶揄的说法，对于父母来说，我们就是"他们的婴儿陛下"[30]。迟早我们会意识到，自己并不像他们认为的那样完美。我们在自己心里树立的最初形象——那个我们曾经在父母的慈爱微笑中看到的完美形象，如今已不复存在。

自我理想是一个稀奇古怪而又让人云里雾里的老板。它仿佛一个和蔼可亲的盟友，只想要看到我们成为最好的自己，比超我（提出"自我理想"10年后，弗洛伊德创造了"超我"的概念）更难拒绝或反抗。当超我拒绝我们的欲望时，自我理想就像专制慈爱的父母一样，只希望我们得到想要的，甚至期盼的比我们自己渴望得到的更多。自我理想的激励很可能会让我们没完没了地跨越关卡，焦虑地寻觅下一个目标，永远觉得自己还有欠缺不妥之处。韩炳哲认为，在自我理想的阴影下，"达成目标的快感永远不会出现"[31]。

索菲娅会抱怨，每时每刻的生活对她来说都不太真实，只有未来是真正重要的，因为她理想中的生活只存在于未来。"只要我再等上一小会儿，"她苦笑着，用一种沮丧的口吻说，"就会有奇迹般的转机，一切都会变好的。"

她逐渐意识到，这种信念反而令她的生活濒临窒息："我等待这一奇迹的时间越长，我就越不愿意过现在这样可悲的生活，因为这是我唯一拥有的生活。"索菲娅一直期待着未来遥不可期的奇迹，因此她总是对现在的生活心怀种种不满，觉得这是对她本来可以拥有的完美生活的一种嘲弄。她如今做的工作、约会的对象、居住的房子，都是她所追求的理想生活的苍白倒影。问题在于现实中没有任何事物能接近这个理想，脑海里构建的理想生活呈现为一种现实中永远无法实现的未来，吊着我们的胃口。

索菲娅在对梦想的追逐中筋疲力尽、心力交瘁，于是陷入了两种互相矛盾的冲动之中。第一是强迫自己工作，让"工作怪兽"吞噬掉她所有的时间和内心思绪。但是，伴随着这种冲动而来的往往是长期失眠，以及一种对无所事事的向往。在我们的治疗过程中，她会期盼着回家睡觉，幻想着在无穷无尽、日复一日的酣睡中惬意幸福地醒来。事实上，她偶尔也会在这种状态中"划水摸鱼"，但随之而来的恐慌会把她拉出来，让她重新投入工作。在疯狂地工作和压抑的惰性之间，她以这种自相矛盾的策略逃避目前生活中的困境。

最为关键的，就是要在做出任何决定之前麻痹自己，就好像没有什么比"选择一件事，从而失去做其他事的可能性"更糟糕。毕竟，做出决定就意味着要不可避免地否定某一个选项，从而野蛮地戳破我们"全知全能"的幻想——我们能成为想成为的人、做想做的事、拥有想拥有的一切。正如索菲娅向我生动展示的那样，通过牺牲"唯一拥有的生活"来保全所有未来的可能性异常困难，这是通过麻痹自我来救赎理想的自我。

除了她日常生活中不可避免的主题（与伴侣、朋友、同事之间岌岌可危的关系，难以抗拒别人提出的任何需要和请求，强迫自己培养健身习惯，在电话中对父母冷言冷语——不仅让父母大为惊讶，连她自己都觉得不可思议），在我们为期六年、每周三次的心理咨询中，难题不断落回她与心理分析本身的矛盾，以及我们之间的关系上。

日复一日，年复一年，她优柔寡断的情绪似乎只会在身上越缠越紧。她开始忧心：哪一天开始，我将再也无法容忍她在同一个问题上打转，乞求她别再用没完没了的死循环折磨我们两个人？"你一定快他妈的烦死我了。"她说着，声音里不带丝毫笑意。

她所说的话总是一语中的又耐人寻味，不过我并没有对她感到厌烦。看着她老是陷入同样的困境，没完没了地在同一个难题上打转，这令人难受，有时我觉得她不仅在折磨自己，也在惩罚着我。但是她思维的死胡同并不单调，因为她有着充满创造力的语言。她花了很多心思，用层出不穷的比喻来形容自身的困境。"我的生活,"她说,"就像一所殖民时代的大房子,而我只是其中微不足道的一个房客。生锈的汽车停在前院的草坪上,门廊也从来没打扫过。也许有一天这房子就会被遗弃。"她将书籍、电影、歌曲和建筑相关的比喻用于谈话之中,是那么生动有趣,有时甚至会让人完全忘记她的焦虑紧张。

她喜欢参加治疗,有一天她笨拙地脱口说出了这句话。她特别喜欢每周能有三个小时,没有日程安排要跟进,除了头脑里的强烈要求和冲动之外,没有任何其他需要去应对的事情。然而她很快就否定了自己。"但有时我确信自己做错了什么,觉得你会因为我想得太多、想得不够、想错了事或想错了方向而恼火……"

"那么,"我回答道,"你喜欢的治疗过程就像其他所有事情一样被毁掉了,因为你把它变成了一场考试,你可以大获全胜,也可以惨败?"她微笑了,然后说道:"我人生的每时每刻差不多都是这样被毁掉的。我几乎不知道如何才能在不质疑自己的情况下去做事。"

她停顿了一下,又说:"不过,我觉得自己正在学习该如何做到这一点。"

肉肉就像皮浪一样,对潜伏在它周遭的危险漠不关心。不过并没有亲密友人救肉肉于危难之中,提防它大清早蹿出笼子,浑然不觉地拖着脚步,走上一条有狐狸出没的小径。尽管带着几分愧疚,我仍然实在很想知道,当它抬头看到天敌张开血盆大口的时候，是否还能保持着皮浪式的淡定。

当然，找到它的时候，我自己可一点也不淡定。然而即使是皮浪，他的平心静气也不是无懈可击的。被狗咬伤后，他对自己的惶恐不安做出了回应："完全摆脱人性的确很难。"这件难事关乎我们所有人的命运。我们每天都被铺天盖地的刺激、机会和危险包围着，根本无法像兔子那般泰然自若。

我知道人们渴望从无常的现实中得到喘息的机会，就像蛰居族一样，不用被迫戴着假面具附和行事。有时我甚至可以体验到这种境界，有那么一刻，得以沉浸在济慈式无痛无乐的虚幻空洞之中。然而狐狸始终等在那里，在我低垂眼皮的另一边徘徊，准备破坏这一切。

啊，肉肉。啊，人啊人。

「"人们每分每秒都在工作"：安迪·沃霍尔 」

我们永远没机会看到安迪·沃霍尔最令人深感不安的一幅作品了。1949 年，这位初来乍到曼哈顿的商业艺术家创作了一系列大型油画，但这些画后来要么丢失，要么被毁了。其中一幅是以《生活》杂志上一张名为《血色星期六》的照片为蓝本创作的，这张令人毛骨悚然的相片拍摄于 1937 年日军轰炸上海之时，一个婴儿孤零零地坐在上海南站的灰烬残骸中。

什么都想做，什么都不想做

婴儿直挺挺地背靠站台边缘，皮肤黝黑，衣衫褴褛，凝视着破败的景象，发出绝望的哀号。据沃霍尔的传记作家维克多·博克里斯（Victor Bockris）所述，"这幅画令人毛骨悚然，却出人意料地彰显了美感"[32]。这幅画呈现了沃霍尔标志性的"涂染技法和柔和色彩"。

这幅画为沃霍尔 1962—1964 年间创作的著名系列画作"死亡与灾难"做了铺垫，但又与之有所不同：在后来的"死亡与灾难"中，可以看到电椅和交通事故现场，而人要么诡异地缺席，要么化为了血肉模糊的尸体，与机械残骸冷冰冰地融到一起，而上海婴儿呈现给我们的是一种真实难解的疼痛创伤。

我有一个治疗了很多年的年轻病人，他童年时逃离了血雨腥风的内战，辗转来到了伦敦。某一次就诊的前日，他在下午骑车出门，遭遇了一起看似不严重，但也极有可能害他送命的意外事故。他被一辆超速行驶的白色货车撞倒，趴在人行道上，一辆辆汽车从他身边飞驰而过，接二连三的冲击让他心惊肉跳，缓不过神来。他告诉我："我感觉自己就像一个在马路中央惊声尖叫的赤裸婴儿。"

博克里斯暗示，当沃霍尔察觉到"上海婴儿"这幅画歪打正着地成了他的"自画像"——暴露了他内心最阴暗、最脆弱的窘境时，便不愿再承认他与这幅画的关联。他当时的商业作品挖掘了战后消费文化中多愁善感的深层内涵，犹如一片绽放着茂盛艳丽的花朵、小天使和蝴蝶穿梭其间的田园风光，唤起精神世界里一段让人流连忘返的童年时光。也许那个被柔和色彩精心涂染的上海婴儿，呈现出的是小天使鲜为人知的无意识的一面，那是萦绕在理想化的柔和表面下一层未被揭开的黑色创伤。

在生命之初，我们完全依赖于成年人，他们的关心或忽视、怜爱或憎恨，我们没有选择的余地，只能一股脑地接受。这样的经历深刻影响了我们此后人生中的每一个阶段。用弗洛伊德的话来说，我们生来就处于无助的状态。

这种最初的无助感在我们的精神和肉身生活中留下了不可磨灭的印记。然而这种无助感会在多大程度上影响我们，取决于后天的经验以及我们处理它的方式。各种各样的身心创伤——战争、贫困、忽视、事故、疾病，都可以重新激活这层深藏的脆弱。

我那位患者 4 岁时，半夜醒来发现母亲不在家，只剩下自己孤身一人。他没有能力抵挡危险重重的外部世界，无论是现实中的危险还是可怕的梦魇。他记得（或者其中添加了自己的想象），幼小的他尖叫大哭，在黑暗中摸索着墙壁，觉得自己仿佛仅用一根手指抓住岩壁的坠崖者。他好奇，自己是更害怕怪物出现，还是没有一物现身？（我想，或者他更害怕这两种情况其实是一回事？）那个赤身裸体、无助尖叫的婴儿寄生在这个充满恐慌、孤零零的孩子体内，多年后，他摔倒在人行道上，看着汽车从身边飞驰过去，曾经的阴霾又死灰复燃。

沃霍尔从小体弱多病，童年并没有给他带来多少快慰，也没能让他摆脱婴儿般无助的恐惧。他 2 岁时眼睛肿胀，母亲用硼酸浴为他缓解不适；4 岁时他无意间折断了一根臂骨却没有及时发现，落下了病根儿；6岁时得了猩红热；8岁时圣维图斯舞蹈症间歇性发作（这是他每两年一次的劫难中最难应付的）。

舞蹈症这种中枢神经系统疾病，会导致患者失去对四肢的控制，陷入不可预知的间歇性疯狂摆动状态。那种行为难以自控的感觉会让一个孩子担心自己发了疯。安迪抖动的双手引起了校园霸凌者的注意，他不敢去学校上课，连四肢的基本协调都成了问题，搞得他晕头转向、痛哭流涕。童年生活成了他身体和情感边界上一块不可触碰的创伤。

医生叮嘱他卧床休息一个月，安迪的母亲茱莉亚就把他的床从卧室挪到了厨房旁的用餐区，以便全天陪伴他。这或许就是沃霍尔与母亲紧张关系的起点，而成年后数次搬家，他始终与母亲同居（尽管随着年纪增长，他渐渐走出了她的视线）。

沃霍尔生病卧床的时候，母亲给他买了无数纸娃娃，以及铺天盖地的漫画书和杂志，他从中剪下图案和文字，然后再把它们重新拼贴到一起。在自传《安迪·沃霍尔的哲学》（后文简称《哲学》）中，他描述了这样的创作场景，不禁让人想到一间迷你的"工厂"*——这或许是他有意为之："我整个夏天都会躺在床上听收音机，身边有查理·麦卡锡娃娃的陪伴，床单上和枕头下到处散落着还没被裁剪的娃娃卡纸。"[33]童年时代的病床和安迪·沃霍尔后来著名的工厂（在那间传奇的工作室里，收音机响个没完，他创作出了无数混合着性、毒品以及放浪情感的疯狂之作）都体现了一种矛盾，它们既孕育了疯狂的创造

---

* 这里指"银色工厂"，即安迪·沃霍尔的工作室。——编者注

力，也纵容着惯性和懒惰，在永动不休之中锻造，也困于无所事事的樊笼。

三年后，安迪强大可靠、沉默寡言的父亲安德烈在家中的另一张床上度过了更为漫长的卧病时光。如果说母子之间的亲近感，既给了沃霍尔慰藉又带来了一种幽闭恐惧，那么安德烈则是在身体和情感上都与儿子格外疏远。1939 年，他和工友们喝了被污染的水，患上了黄疸病，因而结束了背井离乡的打工生涯，从西弗吉尼亚州惠灵市的矿场返回家中养病。

这位极其勤奋的矿工不得不在家躺了三年，病情每况愈下。1942 年，他离开了人世，按照传统，遗体在家中停留了三天。对安迪来说，这种停尸方式简直无法忍受，他藏在自己的床底下，不想看到父亲的遗体。后来他待在姨妈家，直到遗体被运走才敢回去。

那可能是安迪·沃霍尔参加过的唯一一场葬礼——30 年后，他同样以厌恶死亡为由避开了母亲的葬礼。博克里斯写道："对死亡的恐惧，导致他对任何与此相关事物毅然决然的逃避。"[34]

一方面，与母亲的过分亲近打破了身体和情感隐私上的隔膜，另一方面则是与父亲之间不可逾越的空间和情感鸿沟，沃霍尔后来的人生和作品都悬架于这两种极端之间。身体或情感上的接触，永远是过度或欠缺的，不是用力过猛就是欲求不满。也许折磨了他一辈子的疑病症*（布莱恩·狄龙在《痛苦的希望》中

---

* 疑病症：一种精神疾病，患者坚信自己生了病，但检查结果却一切正常。——译者注

对其做出了分析）就可以被理解为一种身体被侵犯、被抛弃的痛苦，正如一个赤身裸体、伤痕累累的婴儿。

————————————

在安迪·沃霍尔的系列画作"死亡与灾难"中，电椅、车祸、自杀现场和种族骚乱等从报纸上剪下的图像有一种冷冰冰的气质，仿佛来自一只毫无特色的相机镜头。沃霍尔将这些照片浸在黄、绿、红、橙色的工业颜料里，将创伤性的画面淹没在冷淡静默的洗礼中。

这些画作总是让我感到一阵令人作呕的羞耻，就好像伸长脖子看热闹时被当场抓了包。当驶过高速公路上的车祸现场时，前方汽车的速度总会不自觉地慢下来，你自己的车子也会自然而然地汇入这缓慢的潮流。在那几秒钟的时间里，你的眼睛变成了一台冷酷的记录仪，变形的挡泥板、破碎的玻璃，甚至血迹本身都失去了情感意义。

在看到"死亡与灾难"系列作品之前，我就有过这种感知分裂的体验。车祸现场充斥着暴力、毁灭和痛苦的喷涌，但那些普普通通的零件、物体和残骸却又冷冰冰地散落在地。它让我的内心既坚硬如铁又情绪汹涌，我觉得自己离恐惧太远又太近。

沃霍尔"毅然决然地逃避"任何与死亡相关的事物，却会对它们情不自禁地产生迷恋。狄龙认为，在疑病症引发的焦虑中，沃霍尔觉得自己的肌肤和内脏被永远困住了，为了缓解这种焦虑，他幻想自己寄居于一个波澜不惊的身体里，所有的过激反应都会被这具身体消除:"他对疾病和药物同样惧怕,他认为,健康的身体在于不受这两者的侵犯,是一个统一的、自我的、完全独立的身体。"[35]

正是这种对平衡的幻想,给尖叫的上海婴儿涂上了梦幻般的粉彩,也给沃霍尔后来的画作蒙上了颇具讽刺意味的商业气息。无人就座的电椅呈现着它即将带来的致命电击,以及随之而来的永久缄默的死亡。夸张的色彩涤除了情绪过激与无动于衷的恐惧。尽管评论家们认为这一系列作品带有政治意味,在与克莱斯·奥登伯格(Claes Oldenburg)和罗伊·利希滕斯坦(Roy Lichtenstein)的电台对谈节目中,沃霍尔却坚称它们只是一种"无关情感的呈现"[36]。

十多年后,在著作《哲学》中,沃霍尔对绘画提出了脑洞大开的妙论,而这种"色彩弱化冲击"的作用则为之平添了一份不怀好意:"知道吗,我觉得每幅画作都应该具有同样的尺寸和颜色,这样一来它们就可以互换,没人会认为他们手上的作品更好或更差。"[37]换句话说,绘画的理想是要消解作品本身的内容和观众的反应——什么都不说,也不做任何索求,只有艺术家和观众之间纯粹零交流的时刻。

中性、冷漠、空虚——这就是沃霍尔在对抗冲击他内心平衡的干扰时打出的三张王牌。他的人生和作品都在寻求一种安详柔和的宁静状态,却发现一切都饱受痛苦和震惊的威胁,还要忍受空寂与死亡的恐吓。他的性生活在长期禁欲的超然和突然爆发的激情之间摇摆不定,这种偶发的激情往往是不可救药

什么都想做,什么都不想做

的欲望，就像他后来在银色工厂里，与那些"超级明星"*之间剪不断理还乱的关系，重复着一条起初如胶似漆、相互纠缠，却终以冷漠和拒绝告吹的老路。

沃霍尔的人生和作品犹如一场对人类最基本困境无休止的排练，这困境即是我们渴望爱和被爱。这是一个唤起了需要、兴奋、向往和好奇的愿望。如果爱能带来满足、关怀和保护，那么它也会让我们永远处于冷漠、被忽视和被残酷对待的风险之中。显而易见的是，沃霍尔发现这种双重束缚难以忍受，所以他才会在纵情欢爱与禁欲冷漠之间摇摆不定。

为了摆脱这双重束缚，沃霍尔试图培育一种空虚的人格假面，这可算得上是他最伟大的创作之一。1963 年，他访问好莱坞时，梦想（正如他在 1980 年出版的关于 20 世纪 60 年代的回忆录《波普主义》中所写的那样）他的生活能呈现出好莱坞式的纯粹空虚："空虚空洞的好莱坞正是我想要把生活打造成的样子，塑料质感，白上之白†。"[38]

---

* 沃霍尔在银色工厂中制作了许多电影，这些实验性的作品通常由松散即兴的场景组成。电影主演们被称为"沃霍尔的超级明星"，其中包括模特伊迪·塞奇威克、艺名"极致紫罗兰"的杜弗兰等。——编者注

† 白上之白（White-on-white）：此说法源自俄国画家马列维奇1918 年的作品《白上之白》，又称《白底上的白方块》。通过创作这种极简的几何图像，马列维奇试图表明形象本身是无意义的，绘画的目的在于情感传达。这里沃霍尔所说的"白上之白"意味着超越时空的界限，跳脱感官的束缚，实现终极的精神解放。——译者注

想要过上一种"白上之白"的生活，就是要一劳永逸地消除情感的焦虑不安，净化生活表面与众不同的色彩。根据沃霍尔的朋友兼传记作家大卫·伯顿（David Bourdon）所说，沃霍尔 1964 年最喜欢的电影是《类人型机器人的创造》。在这部电影中，末世之后劳动力短缺的难题通过类人型机器人的发明得以解决。"当男女主角发现自己是机器人的时候"，这部电影迎来了"美满的结局"[39]。人化为机器就是沃霍尔为自己寻找的美好结局。正如格林在《一个自行发完病毒的病例》中描绘的"欲望终结"状态，麻木和冷漠日益成为沃霍尔的主要创作源泉。

然而对沃霍尔来说，维持这种无欲的状态难上加难，正如僧人鸭长明发现自己在"无欲之欲"中难以自拔。沃霍尔始终想要培养自己机器人般中立冷漠的姿态，却发现喷薄而出的人性欲望使他无法企及这样的状态。

沃霍尔显现的空虚人格即是他试图将"无欲之欲"化为自身本质的一种实验。冷漠渗进了他的目光、他的声音、他的态度——浸入了他的日常生活肌理之中。吊诡的是，这种人格假面却要以他周围那些创造性的、情绪化的、毒品和性爱的放纵为食。20 世纪 60 年代，银色工厂里住着一群艺术家、变装皇后、沃霍尔的拥趸和超级明星，一个充满新欢旧爱、嫉妒和渴望的熔炉在不停沸腾着，而核心却是一个无欲无求的机器人。

20 世纪 40 年代中期，沃霍尔在匹兹堡卡内基技术学院学习商业艺术。据他的指导老师派瑞·戴维斯（Perry Davis）所言，青少年时期的安迪给人"一种毫无性别的印象"[40]。沃霍尔的同伴和其诸多人生的见证者也有类似的观察。一位艺术家朋友鲁斯·克里格曼（Ruth Kligman）记得沃霍尔对她说过，"性爱占据了生活中太多的时间"[41]。银色工厂的关键人物、共同创办者杰拉德·马兰加（Gerard Malanga）注意到，"他几乎没有性生活"[42]。

沃霍尔在他的作品中也强调了他对与性爱相关一切事物的厌恶。他在《哲学》中写道："无论如何，银幕和书页上的性爱比床笫间的性爱更令人兴奋。"[43] 一旦性被具象地表达出来，它就变成了一件被人观看的艺术品，而非一种可以被感觉和享受的乐趣。性爱属于银幕和书页，只有如此，它才可以被普遍化，在观众和读者之间广泛传播。性爱一旦变成"私人化的"，那就是在浪费时间。"私人的爱和性很糟糕"[44]，爱一旦私人化了，就玷污了那种无名机器般"白上之白"的理想。

这种在性爱上显而易见的抗拒，并没有阻止沃霍尔对他人性生活贪得无厌的好奇——它反而使这种好奇心变本加厉。马兰加暗示，保持独身生活"给了沃霍尔巨大的操纵力量，将那群招入麾下的美艳非凡之人玩弄于股掌之中"[45]。

沃霍尔虽然不再与他人有性爱关系，却对自己和他人的性爱生活大加干涉。他在《哲学》中写道："你可以像忠于一个人那样，忠于一个地方或一件事。"[46] 距离和物化带来的不再是简单的排斥，反而是一种紧密关联。

沃霍尔的物化倾向在他成年之初就已相当明显。科技产品——电话、录音机、电视屏幕和照相机，就像钢笔和画刷一样，为他提供了一种有媒介的亲密关系，即在最亲密的时候也能保持一种冷静距离。1951 年前后，独居曼哈顿的沃霍尔对电话产生了特别的依赖，这种依赖贯穿了他此后的一生。乔治·克劳伯（George Klauber）是沃霍尔在卡内基学院时的一位朋友，带领他进入了纽约的地下同性恋文化圈。克劳伯回忆曾在凌晨两点接到沃霍尔的电话，对方想要知道克劳伯和新情人共度良宵的所有细节。

正如博克里斯所说的那样："安迪害怕一个人睡觉，却不能容忍和任何人共眠。"[47] 事实证明，解决这一难题的理想方案是抱着一部硬邦邦的电话钻进被窝，而非和一位肤如凝脂的情人上床。电话只是他一连串性爱替代品中的第一件——窥阴癖塑造了他的性生活和艺术创作，沃霍尔的性欲不是被自己的情人唤起的，而是被别人的情人撩拨的。

据《哲学》所述，20 世纪 50 年代末，对电视的亲近开始取代了沃霍尔与他人的亲密关系，然而直到 1964 年，购买了一台录音机（沃霍尔称之为"我的妻子"）后，他才彻底放弃了感情生活。"得到录音机确实结束了我本可能拥有的感情生活，但我很高兴看到它走向终结。再也不会出现任何问题了，因为一个问题只意味着一盘磁带，而当一个问题变成一盘磁带时，它就不再是一个问题了。"[48] "问题"是个人的，当它们被具象化、被重新制作出来的时候，就变成了没有个人色彩、被冷静审视的事物，而不是待人感知的经验。

沃霍尔和录音机的"婚姻"结出的最耀眼的果实是他的"小说"《a》，这是沃霍尔的"妻子"产出的一系列录音文本，记录了沃霍尔在银色工厂里与各路演员之间长达数小时没完没了且往往让人费解的对话。我们通常认为亲密和冷漠是一组彼此对立的概念，但阅读《a》的体验却恰恰相反：窃听对话者们散漫无章、漫无目的的私人谈话带来了一种强烈的疏离感。太多无用的细节，导向或叙述形式的缺失，未经剪辑的粗糙呈现都令读者深感困惑、精疲力竭。因为"作者"是无生命的科技产品，作品中的长篇大论让人一头雾水；我们获得了大量信息的同时，却几乎没有理解或记下来任何东西。

沃霍尔的下一台记录设备——宝莱克斯摄影机也将引发观者同样的反应。他把摄影机放在一个熟睡的人或一幢高楼前面，抑或将镜头对准一个正在口交的男人的上半身（我们从男人的表情中推测出来他正在口交）。这些画面让我们思考的，与其说是正在被观看的内容，不如说是"观看"这一行为本身。观看15分钟后，无聊感使我无法关注屏幕上的画面，转而陷入自己翻江倒海的思绪中。正因为没什么值得看的东西，我的注意力被转移到了"观看"这一行为上面。

沃霍尔在《哲学》中提议，"一切都要置于同一维度"[49]。

他的很多艺术作品都迫使我们接受这种观看立场：如果我们不把一些事情看得比其他事情更重要，如果我们把外部世界和内心世界的内容放在相差无几的维度上，我们看到的世界将会是什么样子？

但说起来容易做起来难。在沃霍尔生命的不同阶段，欲望、愤怒和痛苦的骚动经常会在他刻意保持的中立假面下露出真容，玷污他煞费苦心维持的那一层白上之白。

尽管沃霍尔苦心经营着自己超越性别的神话，他的无欲无求与其说是身体和情感敏锐度的缺失，不如说是身心过度敏感之果。20世纪50年代，年轻的沃霍尔身陷纽约同性恋的混乱圈子，但他更喜欢描绘那些淫秽的场面，而不是身体力行地玩性爱游戏。很快，他就开始为朋友罗伯特·弗莱舍（Robert Fleisher）、特德·凯里（Ted Carey）以及他们的一众情人画素描，在这期间，他试图用铅笔来分散那些很可能会突如其来将他战胜的情欲。若是纯粹性欲的兴奋击垮了那重不动声色的审美距离，他就会让面前的情侣穿上内裤。沃霍尔的一位传记作者韦恩·克斯特鲍姆（Wayne Koestenbaum）写道："当动作变得太过火辣时，他会惊声尖叫：'我受不了了！'"[50]

这声尖叫游走在快乐和创伤的边缘。中性的保护壳被一股无法控制的欲望击破——那个被封存在粉嫩小天使的神圣缄默之下、精神受创的婴儿的尖叫声突然响彻耳畔。

这种破裂在沃霍尔的情欲生活和艺术创作中反复出现，比他的各种身体缺陷更加显而易见。他那著名的假发和墨镜保护着他的脸，避免公众看到难以去除的青春痘印。长期以来的性冷淡，也是因为他暗自认定其貌不扬、没有人缘。

20世纪50年代，沃霍尔几次迷恋上了英俊帅气却难以接近的男孩，最终他决定在1956年接受疼痛的整容手术，刮去了鼻子上的一块红斑，却发现这让他本就不出众的容貌雪上加霜。他绝望地将自己与周围随处可见的英俊男性做对比，几起暧昧事件最终都以他痛苦的拒绝告终，他变得郁郁寡欢、愤懑不平。

沃霍尔在长期独身生活中宣扬禁欲的美德，却又间或爆发出激情四射的性爱活动。然而在追求爱情的过程中，他似乎总是因为无法自控地热情过头，而遭到拒绝。1954年，他无法自拔地爱上了英俊潇洒的社会名流查尔斯·利珊柏（Charles Lisanby）。沃霍尔被利珊柏在社交圈内散发的迷人魅力吸引，围在他身边的净是电影明星和交际花。沃霍尔为心爱之人送上礼物，慷慨大方不惜一掷千金（爱和安全感的缺失特别容易诱发这样的举止）。

利珊柏给了沃霍尔陪伴，却并未给他渴望的性爱。1956年，在利珊柏陪沃霍尔去亚洲旅行的途中，这样的僵局终于被打破。在酒店里，沃霍尔听到了利珊柏的敲门声，打开门却发现一个年轻的美男子站在情人身边。沃霍尔愤怒地尖叫起来。这是利珊柏唯一一次目睹沃霍尔大发雷霆，接下来的旅程风平浪静，再没有一丝情感涟漪。

博克里斯指出，20年后，沃霍尔在《哲学》中隐晦地提到了这次旅行，将之作为自己后来对人生起伏漠不关心的导火索。这种冷漠态度在他最喜欢的一句人生格言中展现得淋漓尽致："那又怎样。"（So what.）纵观沃霍尔的一生，这句口头禅已失去了轻松惬意的色彩，只有一种非人性的残酷冷漠。

随着沃霍尔的名声和财富与日俱增，随着银色工厂中的创造力蓬勃爆发，沃霍尔的每一段情感关系都重复着同样令人不安的走向。每一张崭新的面孔（或是潜在的情人、天真的少女，或是崭露头角的艺术家）都会很快在银色工厂的核心占据一席之地。同样的经历在重演：他们迅速获得青睐和瞩目，亲密关系又同样迅速地土崩瓦解、恶交结仇，最后是绝望、疯狂甚至死亡。

马兰加认为，沃霍尔对名誉和金钱的兴趣远不如他对权力的看重："安迪和希特勒一样，通过让周围人听从自己的命令，制造出一种驯服力的幻象。"[51] 就算这并非彻头彻尾的负面评价，也未免被过分夸大了，但有时候，过分夸张比精确的描述更能准确地传达出一种画面感。

沃霍尔有很多招人反感的文字和口头声明都表达了同样的冲动，要把活生生的人生苦难转变成冷酷审美旁观的对象。我们很难不将那些畸形的恋情看成这种转变的排演。

沃霍尔工作室的设计师比利·林奇（Billy Linich，后来更广为人知的名字是 Billy Name）后来成了他的得力助手。比利有个舞者朋友弗雷迪·凯科（Freddie Herko），后者于 1964 年进入银色工厂，在沃霍尔的多部电影中露脸，满怀热情地加入了工厂里的瘾君子大军，疯狂地联络人脉、拉帮结派。

一连几个星期，凯科都扬言要进行一场"自杀表演"。1964年10月27日，在迷幻药的刺激和莫扎特《加冕弥撒曲》的背景音乐中，他从朋友在格林尼治村公寓的五楼窗户一丝不挂地跳了下去，一命呜呼。听到这个消息，沃霍尔问道："他为什么不事先告诉我要这么做？为什么不告诉我？我们本可以去把这一切拍下来的！"[52]

对于沃霍尔的批评者来说，这句话完全证实了他令人胆寒的冷酷无情。沃霍尔的终生密友、变装皇后温蒂妮（Ondine）认为，这场自杀其实是一场心照不宣的神秘合作。沃霍尔发掘并实现了凯科最大的野心，"这样凯科就能如愿以偿地死去"[53]。

无论如何解读，沃霍尔的热忱愿望已昭然若揭：他要将人类的原生痛苦变成惊世骇俗的美学奇观，把饱受创伤的尖叫变成一句平淡无奇的"那又怎样"。沃霍尔惊人的想象力将平淡冷漠的懒惰呻吟变成了为艺术注入生命力的大胆原则。70年前，奥斯卡·王尔德认为这种转化的本质是美的升华。由此可见，沃霍尔抛开了崇高的目标，对前辈的审美理想主义进行了一番恶魔般的颠覆。

银色工厂的虚无混乱形成了一条生产自我毁灭的流水线，其中最臭名昭著的例子当数伊迪·塞奇威克（Edie Sedgwick），这位娇弱而雌雄难辨的美女是沃霍尔工厂里最著名的超级巨星，主演了他最重要的电影《厨房》、《美丽2》和《监狱里的女孩》。塞奇威克在1965年初来到了银色工厂，她不仅患有厌食症，还有药物依赖和精神病史。她成长于马萨诸塞州富有的世家望族，与家人的关系却徒有浮夸之表。两个哥哥自杀不久后，她就遇到了沃霍尔。

换句话说，在银色工厂的两年里，她在备受青睐和蒙羞被忽视之间摇摆不定，但对她来说这样的经历早习以为常了。通过指导她在电影中的表演，为她编舞，沃霍尔打造了一套今日社交媒体明星走红的范式，向她日益壮大的粉丝队伍兜售明星梦——她们可以成为第二个塞奇威克。

塞奇威克渴望爱和关注，以浮夸的虚张声势来掩盖自身的极度脆弱，沃霍尔显然从中看到了自己的影子。如果这种认同最初表现为一种深情的保护，那么塞奇威克最终招致的，似乎是沃霍尔对他自己的那份蔑视。在博克里斯看来，这个"让城里每个时髦女孩羡慕嫉妒恨"[54]的超级巨星终究还是在沃霍尔的"谆谆善诱"下坠入了毒瘾的深渊。

沃霍尔在镜头里捕捉到了塞奇威克的这种堕落，如此公开的羞辱更让她绝望，而沃霍尔从未付给过她演出酬劳，更是加重了这种耻辱。她约沃霍尔到俄罗斯茶室，上演了一场苦情的对峙，告诉他："纽约人人都在嘲笑我！……这些电影把我拍得像个傻子！谁都知道，我当时只是无所事事地站在其他演员旁边，你却把这一切都拍了下来，这算什么本事？想象一下我的感受！"[55]

离开银色工厂4年后，塞奇威克死于酗酒和过量服用安眠药。事后看来，她的悲惨结局源自其自我价值的缺失。"无所事事地站在那儿"曾经是她创造艺术的独特方式，后来却成了逼死她的奇耻大辱。

与沃霍尔合作了多部电影的剧作家罗伯特·海德（Robert Heide）描述了1965年的一个晚上，沃霍尔最后一次与塞奇威克道别后走过格林尼治村的情景。走在科尼利亚街上，海德指给沃霍尔凯科跳楼的窗口。沃霍尔对他说："我想知道伊迪会不会自杀。我希望她自杀前能让我知道，这样我就能把这拍下来了。"[56]

沃霍尔对凯科、塞奇威克以及其他人（诸如丹尼·威廉姆斯、安德莉娅·菲尔德曼、让·米切尔·巴斯奎特）的悲剧细节不动声色的冷酷描述，是他在对情感这一事实进行报复，报复入侵他身体和精神冷酷边界的情感与性欲洪流。沃霍尔只在一小群人面前展示真实的自我，允许他们走进家里，深入他的内心世界。

1968年，沃霍尔搬进联合广场西区的"新工厂"后不久，一个腼腆而英俊的年轻人出现了。他为西联汇款公司送信，沃霍尔的经纪人、后来的电影合伙人保罗·莫里西（Paul Morrissey）签收了他送来的信件。

这个年轻人——杰德·约翰逊（Jed Johnson）和孪生兄弟杰伊（Jay）刚从家乡明尼苏达州来到纽约就遭遇了抢劫。他去西联汇款公司给家里发电报，诉说自己遭遇了不幸，经理看他可怜，就给了他一份送信的工作，以赚取足够的钱渡过难关。

莫里西也有着同样的怜悯之心，他为杰德提供了一份工厂保洁的工作。

很快，19 岁的杰德·约翰逊就蹿红为沃霍尔团队中的颜值担当，成为颇受公众喜爱的代言人。没过多久，沃霍尔就爱上了他，并在新工厂里给了他一个特别的位置——请他担任制作编辑和艺术总监。

约翰逊进入联合广场的新工厂不到一年，沃霍尔就遭到了瓦莱丽·索拉纳斯（Valerie Solanas）的枪击，这一枪差点害他送了命。随后，作为伴侣的约翰逊就有了新的角色，既是私人看护，又是情人。沃霍尔那句口头禅"那又怎样"再也用不上了。

在沃霍尔身边许多人的印象中，他们的关系有一种不同寻常的温情和相敬如宾。马兰加向博克里斯表示："不知何故，我觉得安迪可能真的在杰德那里找到了真爱。"[57] 约翰逊陪伴了沃霍尔 12 年，他最重要的角色是上东区房主，亲自上阵为爱巢装潢设计，沃霍尔还为这幢房子购置了大量奢华古董藏品。

两人关系的破裂漫长而又痛苦，导火索是沃霍尔在 1977 年执导的最后一部电影《坏》，这部聚焦于犯罪少女团伙的电影上映后以惨淡的票房收场。约翰逊深受打击，把注意力转移到了室内设计的工作上，他在新领域获得的独立引起了沃霍尔的不满，使得他们之间的关系愈加紧张。

1980 年底，约翰逊终于搬出了他们共同居住的房子。沃霍尔当时的反应还是像以往那般轻率尖刻，在吃惊不已的朋友面前斥责约翰逊"只是一个在工厂上班的小孩"[58]。但事实证明，

什么都想做，什么都不想做

这次在众人面前保持无动于衷要困难得多。据一位朋友回忆，那时沃霍尔开始和一位英国贵族频繁光顾性爱酒吧，"在人们的种种丑态中获得乐趣"。他整天醉生梦死，床边净是伏特加酒瓶。他开始向朋友们哭诉自己害怕孤独终老。

沃霍尔最终还是恢复了清醒和冷静，但这段经历生动地暗示了他对"被抛弃"的恐惧，正是这种恐惧激发了他渴望成为机器人的幻梦。

沃霍尔始终觉得自己的肉身不堪一击，时时处于危险之中，他最终被跟踪者开枪射伤，而后者的初衷只是想要帮他攻破身心防线，这究竟是讽刺还是命中注定？ 1968 年 6 月 3 日，瓦莱丽·索拉纳斯朝沃霍尔的胸口开枪，摧毁了沃霍尔对他人和自己身体的最后一丝信任。如今这副身躯不堪一击，只能依靠外部设备的帮助勉强维持运转。克斯特鲍姆说："暗杀发生之后，他已经觉得力不从心了。现在他的身体成了伤痕累累的画布——在往后余生，他残破的肉体只能靠紧紧捆绑的腹带和束身胸衣固定，布丽吉德·柏林 * 将这些束具染上抚慰人心的缤纷色彩，就像他那些制作画像的丝印网板一样。"[59]

枪击事件印证了沃霍尔著作《哲学》中的观点——所有经验，甚至是其中最痛苦的时刻，本质上都接近于"电视节目"："你什么感觉也没有。"这和沃霍尔的美学理念如出一辙——在

---

* 布丽吉德·柏林（Brigid Berlin）：沃霍尔工厂中的超级明星。——编者注

他的美学乌托邦中，所有画作都有着同样的尺寸和色彩，要求我们"在同一维度上"冷静观看一切，"很淡，很酷，很即兴，很美国"。在沃霍尔式的乌托邦里，欲望、痛苦、沮丧，甚至愉悦引发的波动都会以涅槃极乐的名义被消解。

沃霍尔早年在银色工厂里养成的标志性的平淡冷酷的说话方式和肢体动作就是这种理念的集中体现，但我们可以发现其中显而易见的悖论：沃霍尔一生都在追求"无所作为"、"不去感觉"以及"不去成为任何人或事物"，而这本身也正是他惊人创作力的体现。

在《哲学》中的《工作》一章，沃霍尔谈到了工作和生活之间的界线被削弱："活着就是要做很多你不总想去做的事情。出生就像被绑架，然后被卖为奴隶。人们每分每秒都在工作。这台机器总是在运转，即使你睡着了也不会停下。"[60] 只要我们还活着就得干活，做零工时的奴隶，服从于我们精力的起起落落，有时甚至是大起大落。无论什么时候，这台机器总是在运转。

也许，安迪在银色工厂起早贪黑、如此投入忘我地工作，是因为他明白，即使停止创作，他仍会被困在"存在"本身带来的运转之中。因此，他的作品和人生都在追求一种"了无生趣"的诡异理想。批评家卡尔文·汤姆金斯（Calvin Tomkins）评论道，"银色工厂传递的实际上是一种死亡的象征"[61]。在沃霍尔的电影中，摄像机嗡嗡作响地运转不停，连续几个小时一动不动地监视着拍摄对象，以达到绝对的静止停滞状态。

1963 年 7 月，沃霍尔在创作"死亡与灾难"系列作品期间买下了一台宝莱克斯 8 毫米摄影机，拍摄了他的第一部电影。他征求情人约翰·吉奥诺（John Giorno）的同意，想要拍摄后者睡觉的画面，言之凿凿地保证约翰可以凭借此片一举成为电影明星。《沉睡》是一部长达 4 个小时的电影，全片只呈现了赤身裸体、睡眼蒙眬的吉奥诺，镜头从不同的角度如催眠般游移于他身上大大小小的部分：头、躯干、臀部，从床尾、床侧或屋顶注视他的整个身体。

正如克斯特鲍姆所言，观看《沉睡》的时候，我们会不由自主地想到安德烈·沃霍拉的遗体，也就是 21 年前小安迪试图逃离的那具死尸 *。"最后，"克斯特鲍姆写道，"安迪还是履行了孝道，为父亲守了灵；《沉睡》就是他的觉醒。"[62] 那具小安迪不敢看的静默遗体，变成了他目不转睛注视着的爱人身体。

盯着一个睡觉的人看，与盯着一具尸体的差别并不明显，但也迥然不同。沉睡的身体长时间静止不动、自我封闭，与世界完全隔离，失去了清醒时的兴趣和欲望。某些时候，它不禁会唤起我们脑海里死亡的形象。从床尾拍摄吉奥诺的头和俯卧的躯干，它们铅块一般的静止状态，让人想起一口打开的棺材，或是科学怪人的实验室中，那个即将获得生命的怪物。

不过，吉奥诺当然没有死。他的脸会动，他会侧过身去，他的身体会随着呼吸而起伏。他会让人想到死亡，只是因为我们看到他处于最基本的生命状态，既接近我们都会走向的那不

---

* 安迪·沃霍尔原名安德鲁·沃霍拉。——编者注

可逆转的终极静默，也随时可能重燃对生命和欲望的迫切期待。

《沉睡》的镜头，不再是"死亡与灾难"画作中那种平淡无奇的凝视，或是几年后《帝国大厦》的冷漠中立。摄像机的视角在不断转换，拉近放远，与镜头里那个毫无感觉的对象形成对比，呈现出一种吊诡的吸引力。镜头无休止地聚焦在吉奥诺的身体上，直到它变成了一件无关人性的"物"——一幅由纹理和阴影构成的抽象图案。但当镜头拉远时，观者又会发现横跨银幕底部的那条弯曲的线原来是吉奥诺坚挺分明的股沟，于是前一个镜头的抽象物化，此时彰显出窥视者令人毛骨悚然的执念。

《沉睡》将性欲与我们处于生死两极之间的睡眠状态联系在一起。克斯特鲍姆评论："监视静止的对象是一种极其特别的性爱癖好。"[63] 沃霍尔彻夜工作，牺牲自己的睡眠来捕捉爱人的睡姿，他所有的付出和创造力都投入了一种毫无产出的状态中。与他超现实主义的前辈们不同，他感兴趣的是睡眠，不是梦——不是心灵在夜间的工作（弗洛伊德写道，"梦只会告诉我们，做梦的人并没在睡觉"[64]），而是心灵不工作时懒惰无力的一面。沃霍尔丰富的创造力和充沛的性欲都被用来服务睡眠以及清醒时的各种类似状态：冷淡、空虚、无动于衷。

沃霍尔在 1963 年接受《时代》杂志的采访时，说过一句有名的话："机器出的问题比较少，我想成为一台机器，你不想吗?"[65]

1966 年，他又对《观察家报》的记者说："我从来没有被一幅画感动过。我不想思考。如果我们都是机器，这个外在的世

　　　　　什么都想做，什么都不想做

界将变得更容易生活。反正最后什么也没有，谁做了什么并不重要。反正我的作品不会流传下来，我用的都是便宜的颜料。"

作为沃霍尔人生与创作的重要主题，"人变成机器"是一个非常含混难懂的概念。它表达了一种愿望，希望从快乐与痛苦、爱与恨、兴奋与恐惧以及由此产生的所有"问题"中解脱出来。如果能成为一台机器，就拥有了控制自我的特权，脱离了自己的欲望以及随之而来的挫败感的永久奴役。然而，这种解决情感创伤的方案可能会造成另一种创伤，使人沦为一具行尸走肉。

沃霍尔去世近 30 年后，我仍然认为他代表着我们这个时代的重要精神，因为他揭露了我们的精神和文化生活之中，生机与死气之间的矛盾。通过他的人生和作品，我们有幸进入消费文化那及时行乐、花哨俗艳的内核之中。然而一旦进入其中，我们就会感到一种来自惯性和冷漠的强大吸引力，仿佛消费主义正向逻辑的核心，即是对人生的巨大否定，而这种否定，我们无法抗拒。

在沃霍尔看来，美国文化的优越之处，在于其大规模生产和消费带来了均等的效果。产品的激增并没有激发我们的需求，反而抵消了欲望本身。沃霍尔声称，他的画作预示着一个理想的未来，在这个乌托邦里，所有画作的尺寸、形状和颜色都是一致的。套用《哲学》中的句子，"如果需要你做出决定或是选择，那就错了" [66]。

因此，他的创作、写作和言谈都在追求一个矢志不渝的目标，那就是把世界摊平，揭示其内在的同一性——虚无。他不止一次地表示："一切都是虚无的。"[67] 博克里斯说："从做爱到艺术创作，他都反复强调，'最令人兴奋的事情就是不去做'。"在我们这个宛如迪士尼和皮克斯动画般积极欢乐的世界上，每个人都是与众不同的，每个人都有独特之处，但在这层表象之下，每个人、每件事又全都别无二致，正如沃霍尔为自己构想的那档电视节目的名字——"没什么特别节目"（Nothing Special）。

"没什么特别节目"，这一表述更加彰显了沃霍尔"消费主义时代叔本华"的地位。在叔本华这位德国的哲学先驱看来，"存在"只是从"不存在"中逃逸出来的一个转瞬即逝的虚幻光点。"不存在"是我们从死神那里借来的一笔贷款，以睡眠作为日常利息。沃霍尔那些颇具魅力的图像与画作事实上是一匹携带着冷漠病毒的特洛伊木马。在我们这个 7 天 24 小时全天候信息爆棚的时代，酷刑和种族灭绝的新闻必须与明星整容的八卦竞争，博取我们的注意力，以柔和的色彩包裹创伤业已是我们的文化常态，谁敢说自己逃脱得了这种病毒的侵扰？

第二章

懒虫

我的大脑和身体差不多在每天的某个时段都会罢工。

这种情况通常发生在晚上，我无精打采地瘫在沙发上，盯着电视屏幕上泛起雪花的影像，昏昏欲睡，周遭全是虚度一晚后留下的垃圾。翻开的书倒扣着，鞋子被我踢掉，丢在一边，我手边有两个遥控器、一碗花生米，还有半瓶晃荡的啤酒。

在这幅郁郁寡欢的场景中，我毫无生气、蓬头垢面，和周围乱七八糟的东西一样没有生机。脑海中有个声音一直在念叨着："起来！打扫房间！"但是在我自己这块缄默的领地，行动和目标的原则并不奏效。地板上的东西散发出一种排斥力，清理的指令凝聚成纯粹的噪声。如果我闭上双眼，就会有一片黏稠的黑墨淹没我周围的一切，然后溢出它们所在的房间，覆没房子和街道，最后吞噬外面的整个世界。再也没有书、鞋子或啤酒瓶会侵犯我绝对的平静，我也不会再被指使去做任何事情、去往任何地方了。将我从这片死气沉沉中拽起来去清理垃圾，就像一种身体上的，甚至形而上的干扰，一种对宇宙正义的亵渎。

当所爱之人将我们从沉睡中唤醒时，我们可能会罕见地对他们萌生恨意。我们烦躁地翻身、充满起床气，并非出于针对他们的敌意，而是源自人类对被迫离开平静幸福的普遍恐惧。在被唤醒的时候，我们被迫回归了一个充满激情、欢乐和悲伤的世界，对此我们可能感到猝不及防。在那一刻，无论是谁叫醒了我们，他都成了这个对我们索求无度的世界的普遍化身。

散落在我周围杂七杂八的物品，即是这个世界里需要被我关照、由我负责之物的无声象征。我完全不明白为什么在我和事物之间的斗争中，事物总是毫无意外地大获全胜。

但当我审视这一团乱麻时，我承认它们确实稳操胜券，长久以来，我也只能幻想这些东西并不存在。随着时间每分每秒流逝，我那颗坚定不移的心愈加退缩，随波逐流的态度渐渐浓烈，据理力争沦为捶胸顿足，还有"我这是何苦呢"的无声呐喊。我只能屈从于现实的居家法则，起来收拾残局。

像这样的场景，每天都在世界各地的客厅、办公室和游戏室内上演，和大多数日常生活中的事情一样，平庸得鲜少被人察觉关注。人们只会用最轻蔑的语言描述它们：邋遢懒散，虚度光阴，松懈怠惰。

我和其他人一样，习惯做出这种蔑视。我嘲笑自己内心那个不愿起身收拾的声音只不过是个任性小孩发出的罢了。我很快就与内心的懒虫划清界限——那个几分钟前只想在夜晚的一片狼藉中昏睡过去的懒散自我。然而"我这是何苦呢"是一个沉重的问题，比"我是否应该把东西从地板上捡起来"这一眼前的困境更加意义深远。

19 世纪的德国哲学家亚瑟·叔本华是出了名的厌世者，他曾郑重其事地审视过这个问题。他对"习惯"这一现象进行了反思，认为"习惯"只不过是"勤勉努力"精巧伪装之下的倦怠懒散："真正的习惯……实际上源于惰性，这种懈怠试图给脑力和意志力留出偷懒的余地，避免在做选择时面临的工作、困难，甚至风险。因此，安逸散漫迫使我们今天和昨天做着相同的事情，而在那之前我们已经重复做了这些事情上百次。"[1]

多数人认为，将自己打理得整齐利落是成年人应尽的责任，与此相对的则是孩子的懒惰放纵。叔本华却指出了一种可能性：考虑到"做选择时面临的工作、困难，甚至风险"，相比不停询问"我这是何苦呢"，顺势服从或许是更懒惰、更孩子气的选择。

蹒跚学步的小孩和青少年一样，都会挑战家里定下的规矩。让一个幼童捡起玩具，他可能会泪流满面地说他不想捡，要让你去捡；让处于青春期的孩子去收拾她的衣服，她会这么回怼你：歇会儿吧，您太大惊小怪了。这两种反应都是对我们井然有序的世界的蔑视。他们嘲笑我们清理打扫的愿望：我们想轻盈自信地走来走去，把事情安顿妥当，这样我们今天就可以继续做昨天做过的事情，以及在那之前重复了上百次或上千次的事情，这有什么意义呢？我这是何苦呢？

我们之所以会嘲笑小孩子和青少年，也许是因为这样我们就不必认真对待这些质疑了。从他们的愤怒中，我们只看得到他们尚未长大的部分，却忽视了我们未能保全的部分。我们在守住积极、有意义的人生目标，成熟长大的同时，却失去了一种同样重要的内在冲动，也就是不去做事、不去找寻目标的冲动。

我们对这份冲动的疏离，可以解释为什么"懒虫"这种表面无害又随和的人，会如此容易成为让人害怕和厌恶的对象。现代家庭生活中最大的矛盾之一就集中在青少年堆满脏衣服的卧室里。也许我们害怕打开那扇门，因为映入眼帘的就是我们憎恨而抛弃已久的自我。"懒虫"（slob）这个词的来源颇具启发性，可以追溯到 18 世纪晚期的爱尔兰单词"slab"，意为泥浆，在爱尔兰英语中，它也有淤泥或软泥的意思。

弗洛伊德曾反复提及一种推测：在人类这一物种的进化过程中，我们的头部最初与肛门和生殖器挨得非常近。在头部与这两个器官逐渐分开的过程中，进化鼓励我们脱离自身的动物性，在排泄和性行为方面不再像狗一样不知羞耻。我们挺直脊背，仰起头，翘起下巴，就能从身体私密部位散发的种种激起性欲或者令人作呕的气味中解放出来。我们紧贴地面时，就是混沌无序和不可驯服之事的奴隶；我们昂然挺立时，就获得了尊严以及外表的秩序和规律。

懒虫搅得我们烦躁不安，因为他让我们接触到了自以为已经超越的那个混沌、烂泥般的自我。当你筋疲力尽地瘫倒在沙发上，陷入无法抗拒的地心引力时，你就会有这种感觉。当你的思想屈从于自身懒散放空的潜流，内心只能哼出白痴洗脑的广告歌曲时，你就能有这种体会。当你和周遭的狼藉没什么两样，像那碗花生一样蠢笨、呆滞、无用，你怎么可能把散落一地的杂物捡起来呢？

1929 年，随着法西斯主义和战争在欧洲大陆甚嚣尘上，思想家乔治·巴塔耶（Georges Bataille）在法国写下著作，提出了对一切自然良性秩序的质疑。他认为，长期以来，人类始终在"万物向上生发"这一自欺欺人的幻想中奋力挣扎："他们的双脚虽浸在泥里，头却或多或少沐浴在光亮中，因此人们固执己见地想象着会有一场将他们永久抬升起来的潮水。"[2]

我们懒散邋遢的时候，往往会遭人嘲笑，而嘲笑我们的人同时也对这种可能性嗤之以鼻：人类唯一的出路即是堕落，人性尊严只是一种矫情的幻觉。懒虫让我们看到，人并非一棵高高耸立的树，而是巴塔耶所写的那株植物，"朝太阳的方向生长，又在土地里溃亡"[3]。

当我们屈服于疲惫散漫时，就好像那些束缚和支撑世界的形式轰然倒塌，暴露出了下面的空虚。因此，用巴塔耶的话来说，我们所接触到的是一个没有形状或架构的"无形"宇宙。

巴塔耶为我们对有序宇宙所投入的时间和精力感到惋惜，他认为，那只是我们自身理想的外在投射。令人惊讶的是，尽管我们可能会有意识地对这种想法冷嘲热讽，但它却潜伏在我们的脑海中挥之不去。如果未能对人生和世界有意义、有目的的本质抱有某种绝对的信念（无论这种信念是多么不成熟），你都很难拥有一份事业、一个兴趣或一种深爱（无论有无回报）。

而我既然已经拥有了这一切，似乎就无权成为"无形人生"最具说服力的支持者。我很容易被人误解，在别人的印象中，我是一个循规蹈矩的人，努力工作、按时纳税、保持起居整洁，但事实并不像看上去那样。尽管我笃定地表达过自己对事业的雄心壮志、对兴趣爱好的乐在其中、对爱情的期待向往，但我仍然可以断言，自己确实与慵懒疲乏、浑浑噩噩的习气有着漫长的亲密关系。

对懒散倦怠的依恋可以追溯到我 4 岁那年，那时我和家人暂时搬到了耶路撒冷。考虑到小孩子很容易学习新语言，这个年龄很适合移民。我被送到一家幼儿园，大人认为我很快便可以说一口流利的希伯来语，不会和当地人有什么差别。之前学过的几首希伯来颂歌和祷告词也该让我具备不小的优势。

然而，对我来说，希伯来语与其说是一种表意语言，不如说更像一种"声音"，说起话来的节奏就像嚼泡泡糖一样噼啪作响，词尾的韵律总是有着无穷无尽的花样，而单词本身就像胶水一样黏在轻快的旋律上。至于这些词究竟是什么意思，我根本不想费心知道。

在幼儿园那间阴暗的小屋里学习希伯来语，跟我学唱希伯来颂歌的情形并不一样。这些词语不像漫无目的地回荡在犹太教堂里的音符，而是要直接说给某个人听的。我必须要理解语词的意思，并用它们和人沟通交流，这让我感到措手不及。在英国时轻柔飘荡在耳边的语言，如今突然变得像泥浆一样沉重。

什么都想做，什么都不想做

幼儿园里有位身材瘦削、皮肤粗糙的教学督导，她戴着一副厚重的眼镜，穿着一条带流苏边的黑色亚麻长裙，屁股只沾椭圆形小椅子的一角。每天早晨，她都会矫揉造作地与我打招呼，朝我咧嘴笑着，叫我的希伯来语名字，但我得到认同的喜悦之情旋即就会被一串断断续续、含糊不清的喉音淹没：ef-fo-ba-ha-ti-lo-mi-en-do-ke-zeya-nu-sha-BA! Ve-ku-za-ni-lo?! 其他的孩子加入进来，他们的声音融合在一起，就像一团浓浓的云雾笼罩在我的头上：NNGAAAAAAAA!

日复一日，困惑的感觉有增无减，搞得我越发沮丧，直到有一天早上，我大声喊出自己的母语，试图驱散这团乌云，我的声音如石沉大海般消失其中。

接下来发生了什么我有点记不清了。我只是隐约记得，教学督导蹲下身来，正视着我的脸，摩挲着我的胳膊，温声细语地安慰我，完全没有注意到她那些想要平息我愤怒的话反而让我怒火中烧。后来家人告诉我，在场围观的人说我前一秒钟还眼泪汪汪，下一秒就突然向她挥出了拳头。

接下来的场景肯定会令人不安。我独自一人待在沙坑里，前面是背阴的街道，身后是长长的平棚屋，同伴们游戏打闹的声音成了我这屈辱一刻的伴奏。我有气无力地倚着双膝，就像个闷闷不乐的破布娃娃。我抓起一把又一把沙子，让沙粒从我指缝间流散而下。我双眼干涩、神情呆滞，觉得自己就是失败的代名词。

那一年里的大部分时间，我都独自一人待在沙坑里。回到家里，坐在餐桌旁，我总是一脸冷漠地听哥哥和他的以色列同学畅快地聊天。他是如何这样轻松地融入这个世界的？为什么每个人都明白这些单词、语调和语法规则？他们是什么时候背着我学了这些？我觉得自己反应迟钝，不是自嘲，就是实实在在的笨。尽管我骨瘦如柴、动作敏捷，但我仿佛被拴在了某个笨重、邋遢的分身怪物上面，拖着沉重的肉身缓慢行走于人间。"我这是何苦呢"可能就这样成了我的口头禅。

回到伦敦后，我的语言能力恢复了，这让我松了一口气，但我还是觉得自己反应迟钝。小学生活只是让这个毛病更加严重。在同学和老师的眼里，我是一个可笑的笨蛋，我的迷糊傻气总会成为课堂上的笑料。一年级的时候，老师检查我的作业后让我回到座位，我转身走过一排排的课桌时，听到他在讲台小声嘟囔："真笨啊！"二年级的时候，老师叫我回答问题（每当忆及此事我都深感困惑，怀疑它是否真的发生过），我回答说我不知道，她做出怪相，用班上同学模仿"低能儿"的夸张语调，拖长了声音、大着舌头、呆板地重复着："偶不鸡……道。"

这种情况在 5 年后达到了巅峰。当时一位数学老师扯着假嗓、夸张做作地朝我喊"别走神"，还狠狠踢了我的小腿一脚，用一种非常规的教学方式精准"教育"了我：看看恣意施暴能不能教他学会把直线等分！

在这波痛苦的浪潮中前行时，一个问题浮现在我脑中：为什么是我？起初只是一声自怨自艾的哭喊，后来却变为了真正的好奇。究竟是什么原因，让我总是引来成年人的随意虐待？

什么都想做，什么都不想做

"我惹着谁了？"我想抗议，"我什么也没有做啊！"

《书记员巴托比》的叙述者再次帮我解答了这道难题。那名律师很自豪能够管理手下脾气坏又无能的员工，但是，面对巴托比的无动于衷和沉默寡言，他所有的沟通技巧都在困惑中消失殆尽。

我的数学老师就像那位律师一样，知道如何对付班里明目张胆唱反调的"破坏分子"——如何赢得他们的好感，如何把他们骂得体无完肤，但面对一个什么都不做的学生，就多少有些束手无策了。律师睿智地说："没有什么比消极抵抗更能惹恼一个认真做事的人。"[4]积极的抵抗——插科打诨、傲慢无礼、蔑视权威，都是可以被听到、被理解的，有必要的话还能做出回击；但是消极抵抗让人听不到、看不懂。消极抵抗的人与其说是在挑战游戏规则，不如说是在拒绝参与游戏。

对于"认真做事的人"——对于那些将这个世界视为严肃之地、严于律己的人来说，"我什么也不做"是一句最无法容忍的挑衅。这句话暗示人生可以没有任何明确的目标或欲望。人们总是用形容鬼魂的话来描述懒虫或废柴：人虽然还在，魂儿却不知飘到哪儿去了。

18 世纪的爱尔兰哲学家乔治·贝克莱（George Berkeley）主教有一套"非物质主义"学说。他提出设想：我们认为的真实存在的物质世界，不过是幻觉罢了。当鲍斯韦尔*询问约翰逊博

---

* 鲍斯韦尔：詹姆斯·鲍斯韦尔，英国传记作家，
曾为后文提到的英国文坛领袖塞缪尔·约翰逊作
传。——编者注

士该如何反驳这一论点时，后者使劲踢了一脚面前的石头，宣称："这就是我的反驳！"[5]我想知道，我的数学老师是否也有类似的想法？迫切地想要把我踢进现实世界，以此确认他的学生确实在场，并非游魂？

也许这就是人们所谓对付懒虫的最好办法：使劲踢他一脚。

弗洛伊德在 1930 年出版的《文明及其不满》一书中指出，人类有两种基本倾向："工作冲动"和"爱的能力"[6]。这二者都是文明发展壮大和进步的动力。弗洛伊德将促使我们爱和工作的力量称为"力比多"（libido），这是一个拉丁文词汇，意为愿望或欲望，后来进入大众日常话语，泛指个人性欲。这种词义变化其实抓住了弗洛伊德使用此词的一个重点：与荣格将力比多定义为一种广义的精神生命力不同，弗洛伊德将之视为一种特殊的性能量。

然而，力比多之于弗洛伊德的意义远不只是生理上的性欲。力比多是一种性能量，但人类有独特的能力将其"去性欲化"，也就是说，使其服务于性欲之外的目的，如创作、娱乐和智力探索。力比多是我们投注在任何事情、事业或关照对象身上的强烈激情。如此看来，力比多就像一种生命燃料，为我们的人生之旅提供原动力。

但事实证明，这种看法太过简单。尽管力比多推动着我们自身的扩展，帮助我们融入由个人、家庭、种族，乃至全人类构成的"更大的统一体"中，它同样会拖我们的后腿，阻碍个人和集体前进的车轮。弗洛伊德发现，我们可以从一对坠入爱河的情侣身上看到这种倾向。我们可能会设想，这对情侣急于通过生孩子、繁衍后代来维持他们的爱情，毕竟，这也是其他动物常见的行为模式；但是，倘若你曾坐在一对新婚夫妇身边，就会见证这一点，"当爱情达到了顶点时，就这对情人而言，外界的一切都不复存在，他们拥有彼此就已足够了"[7]。

换句话说，刚开始相处的恋人容易对彼此产生一种盲目乐观的满足感，懒得在别处探索新的事物。弗洛伊德把恋人幸福的满足感称为一种"情感固着"——这多少有点令人困惑，因为这个词一开始被他用来描述性变态背后的逻辑。对弗洛伊德来说，性变态表现为一个人固守原地，被爱冲昏了头脑的情侣和性变态者在这一点上如出一辙[8]。

在我们这个性观念看似极度解放的时代背景下，将性变态者看作固守原地的人似乎有些奇怪。施虐、受虐或恋物癖在今天往往被认为是一种大胆越轨的行为，表达的是对摆脱规范性行为限制的渴望。然而，弗洛伊德在性变态者身上看到的是一种倾向，一种以牺牲完整的性体验为代价，只专注于性欲的某一部分或某一阶段的态度——比如，他们的兴奋感只来自爱人身体的某一部分（脚），而非整个身体，或者只来自某一种感觉（疼痛），而非多种多样的感觉。

如今，我们可能要警惕"性变态"一词附加的道德内涵，尤其是涉及双方自愿行为的时候。弗洛伊德从"情感固着"这种"不愿弃旧从新"的角度看待性变态[9]，指出我们不必将性变态看作精神异常或堕落，而是可以将其视为更广泛的"人类行为谱系"中的一种。弗洛伊德注意到，我们所有的欲望和激情一旦驶入常轨，都容易陷入一种困境，变得缺乏适应力，倒退，抗拒改变或挑战——换句话说，就是变态反常。

事实上，我们一旦注意到这种趋势的普遍性，就会发现这样的例子数不胜数：想想那些第一次吃意大利面或炸鱼条的孩子，他们很难再被说服尝试其他食物了；追星族会关注偶像的每一句话和细微动作，将所有其他的兴趣抛在脑后；失恋者日复一日为失去的爱人伤心欲绝，拒绝"走出来"。这些各不相同的事例都体现了对动力和改变的强烈抗拒。这就是弗洛伊德所说的"力比多惰性"[10]，一种对我们所选择之人、地点或事物的强烈依附，一旦面对离开它们的压力时，就会感到焦虑和怨恨。

我们一向觉得自己的感情是积极主动、有目标的，却没有注意到它们会变得多么懒惰和自满。我们往往把力比多想象成轰鸣发动机里无休无止迅速供应的燃料，而非顺着燃料管道缓慢滑动、堵塞化油器、导致发动机熄火的污泥。我们注意到了力比多的活力，却对力比多的惰性知之甚少。

在我们的脑海之中，激情和欲望往往与行动密不可分地联系在一起，因此我们难以理解某些人对无所作为、磨磨蹭蹭、"宁愿不做"的偏爱。力比多的惰性对我们固有的人生和自我观念提出了根本性的挑战，比如那些密集的日程安排、亢奋多动和持续不断的新刺激。我们将自己狭隘地定义为有行动、有目的的生物，坚持把所有时间投入工作中，也就意味着我们正在向自身的一个重要维度宣战，剥夺英国精神分析学家唐纳德·温尼科特（D. W. Winnicott）所说的，我们自身"最单纯的体验，即存在的体验"[11]。

温尼科特用"存在"这个简单而又神秘的词语来描述还未将自己与母亲区分开的婴儿内心世界。正是在这种散漫无章的存在体验中，我们的自我意识得以显现出来。然而，当我们开始把自己（或误将自己）与那个心理上发展起来的、可以有意识地思考和行动的自我（用温尼科特的话来说，就是一个"有行动能力"的生物）等同起来时，这种原始的精神生活层面就变得越来越难以接近。

正如美国精神分析学家乔纳森·里尔（Jonathan Lear）所说，弗洛伊德想要将人的功能和目的归因于一切心灵活动，无论这有多么令人费解，而通过这种理论，他似乎含蓄地认同了人是"行动的生物"而非"存在的生物"这个理念。即使我们的行为方式可能伤害了自身或损害了我们自己的利益，尽管表面看起来像是事与愿违，背后却总有动机存在。弗洛伊德坚信，在我们最极端的心理和行为倾向背后，仍有理性在支撑，其根基在于一种心灵的"目的论"，一种"无论做什么都有目的"的信念感，只是我们未必能感受到它的存在。

弗洛伊德的理念忽略了这样一种可能性——正如里尔所说，"某些心理活动的发生可能是毫无目的的"[12]。在我们的内心深处，除了行动和实现世俗抱负的动力，可能还会有一种不为人注意但同样强烈的拒绝行动和理想的倾向——仅仅存在就好。

认同这种倾向的存在，不仅会对我们的心理产生深刻影响，还有着强烈的政治意味。

　　我再一次声明，我对这种天生懒惰的做派有着特别的亲近感。像大多数孩子一样，我从小被大人教导要努力工作、坚持不懈、遇事当机立断，也像有些孩子一样，因为懒惰、爱幻想和反应慢而受到惩罚，不过我的确很懒，甚至懒得去辩解。

　　摸鱼偷懒或"缺乏紧迫感"（正如我的成绩报告单上所写）从来都不是因为我故意挑衅或不守规矩，我觉得这更像是一个存在的事实。所以那些"早点起床""动作加快""事事有条不紊"的要求，就像让一个只知道吃糖的孩子安静下来一样，对我根本无济于事。

　　我像巴托比一样，从不主动拒绝甚至抗议工作，但和巴托比不同，尽管不喜欢工作，我最终还是顺从了。我吃力地应付着课程、比赛和家庭作业，因为它们就是我生活的全部。如果真的还有什么其他事情，大概就是计划如何能"不做事"。我并非故意这样消极被动，只是生性如此。我完成分配给我的任务，既不干练优雅，也不会从中获得成就感，逆来顺受是最省力的方法。我不愧为叔本华真知灼见的明证，在各种习惯背后，隐藏的是深切的懒惰。

　　因此，你也不能说我是故意装病偷懒。我对那些假装生病不去上学的人心怀鄙视。任何形式的逃学旷课都是一种刻意的努力逃避，我不喜欢这种努力，也不具备那些人诡计多端的脑子。

　　所以，我只有在极少数生病的日子才不去上学。肠胃炎发作的体验仍在我脑海中挥之不去，就像被人用一根冰冷的手指戳着那样难受，但发病炼狱般的体验会被第二天天堂般的待遇抵消，校方坚持要我在家好好休息，一方面是避免传染，一方面是确保我早日康复。病假那几天无所事事的日子真是舒服到了家，不光能躺在自家床上，也真正做回了自己。我终于可以随心所欲、毫无顾忌地做我想做的事了。昏昏沉沉的病重日子，我感到自己比任何时候都如鱼得水。

　　那时候还没有无聊的科普类儿童节目，电视里播放着低成本肥皂剧，女人们穿着缎子衬衫，画着蓝色眼影，拉着脸闷闷不乐地坐在厨房餐桌旁；此外还有关于家庭理财和园艺的节目，以及 20 世纪 50 年代色彩失真的喜剧，主角总是一群笨手笨脚的男人，要么就是讲赛马的。

　　这些粗制滥造的节目内容为何并不重要，我渴望的不是消遣刺激，而是纯粹的无所事事。电视机里空洞的声音和影像汇成一片低沉的杂音，还有沙发上蓬松的天鹅绒靠垫和电暖炉散发出的温热，都是我追求无所事事之旅中的坚定同盟。这是一种被简化到只剩下身体最基本满足感的生活，逃避外部世界，不再听凭别人的要求去做一个工具人。

　　我田园诗般的病假时光转瞬即逝，随之而来的是一种让这段回忆变得苦乐交杂的怀旧情绪，等到翌日盯着黑板上那些奋笔疾书的潦草字迹时，这种情绪又涌上心头。在那片名为"如愿以偿"的绿洲边缘，现实就像猛虎一样伺机而动。

今天，我们见证了"人类从根本上说是一种工作的存在"这一概念是如何被不断挖掘延展的。如果我们内心有一种对永恒运动的抵制，那么它在政治、商业和文化上都会被消灭。工作既是一种劳动也是一种功能，是我们这个时代最要紧的事情，世界各地政府在福利、教育、退休和助残方面的政策都可以证明这一点。

与这种确保所有人都会努力工作的政策保持一致的，是一种始终无法专注的文化。如今，一个孩子刚刚出生，神经系统就会被一系列电子设备发出的源源不断的刺激信号所淹没。这些设备通常也会分散他兄弟姐妹和父母的注意力，即使身处现实，也往往神游他方。

现如今已经不存在可以静止不动、静默无声、漫无目的虚度时光的空间了。用文化理论家乔纳森·克拉里（Jonathan Crary）的话来说，"没有哪件事物可以从根本上'关机'，也从来都不存在真正的休息状态"[13]。一个人生命中的每月每日、每时每刻，都像是在"打卡"。无所事事的时刻、虚度的时光会引发恐慌、引来蔑视。

早在我们当下的文化之前，"懒惰"便已备受批判。从《圣经》对懒惰者的斥责警告，到八卦小报对经济移民和骗取福利者的愤怒笔调，懒惰始终让我们对人类的未来忧心忡忡，更是无数谴责的源头。在大众的想象中，不思进取的懒虫仿佛一只替罪羊,那些占尽便宜、坐享其成的人令我们心生懊恼,我们便把怒气一股脑儿撒在懒虫身上。

这种愤怒并不只是来自右翼。列宁对生产展现出的狂热并不亚于当时资本主义国家的领导人们,他经常哀叹"奥勃洛莫夫症候"(即俄国人特有的萎靡不振)。这个术语出自伊万·冈察洛夫(Ivan Goncharov)1859 年创作的经典小说《奥勃洛莫夫》。

在小说开头,奥勃洛莫夫处于一种持续不断的内心焦灼中,随着经济开销、行政事务以及社交拜访与日俱增,这种焦灼也在加剧,最后他躲进污浊狼藉的被窝里,把自己裹得像个茧,避开朋友施托尔茨几次三番催他起床拥抱生命的劝诫。小说的叙述者暗示我们,施托尔茨的责备和鼓励没有击中要害:奥勃洛莫夫躺卧在床,不是不得已而为之,也不是他贪图享乐,而是"他的正常状态"[14]。

原来,这是奥勃洛莫夫小时候在乡下庄园里娇生惯养的生活中养成的习惯。小说随后描述的那一串著名的梦境,更像是一种柔光笼罩下的回忆。奥勃洛莫夫的家是一个完美祥和、舒适安稳的避难所,在那里,一个孩子的梦想即是他眼前所见的现实。这座圈地自封的庄园靠一群仆人精心维护,他们不动声色地保护着养尊处优的孩子,不让他接触到一丁点维持美妙幻象的卑微劳力,因此在成年的奥勃洛莫夫心中,"童话故事已经与现实生活交织不清了"[15]。

在圣彼得堡布满蛛网、尘土飞扬的公寓里,奥勃洛莫夫无法忍受爱找碴儿的男仆扎哈尔总是在打扫房间时"挑起争论"。

扎哈尔的碎碎念迫使他发觉童年家里的仆人是多么宠他，他一帆风顺的生活是在其他人无微不至的操持中保全下来的："奥勃洛莫夫也想清洁，不过他希望这种清洁工作在不知不觉中自然地完成。"[16]

在这种想要将一切工作痕迹从世界上抹去、想要让清洁工作在不知不觉中自然完成的婴孩式幻想里，我察觉到了自己深夜瘫在沙发上做的白日梦的影子。这部小说似乎在暗示，如果条件允许，人类都渴望寻求一种不用工作的田园生活。如果父母或老师不去引导孩子承担起生活重担，这种童话生活便很容易"与现实生活交织不清"。

对大多数人来说，我们的童年经历了从这种幻想中的觉醒，过程有时温和，有时粗暴；而对奥勃洛莫夫来说，童年幻想的一切都尽在眼前了。他的天赋就来自长期不受外界的侵扰，以至于无法严肃对待外部世界的存在。这就是为什么像每个懒虫一样，他引起了周遭人士如此之多的嫉妒、虐待和愤怒。我们想告诉这些讨厌的懒虫，如果可以，谁不想躺着度过一整天，让日常所需在不知不觉中自然地完成？但是我们注定要长大成人，放下这个美梦，承认自己与世界中心的鸿沟。为什么唯独你是例外？

于是我们大张旗鼓地藐视着内心的秘密渴望。懒虫也许是我们嘲笑厌恶的对象，却也同样是我们羡慕嫉妒的对象。那一大群酒鬼（特里马乔、乔叟笔下的米勒、福斯塔夫）、疯疯癫癫的白日梦想家（堂吉诃德、史努比）、无可救药的游手好闲者

（奥勃洛莫夫、勒博斯基）和不折不扣的懒虫（狄德罗笔下的拉摩、荷马·辛普森）都证明了懒人在西方文化史上不朽的英雄地位。

上述所有人物都是虚构作品中的角色，这绝非巧合。我们试图从现实生活中驱逐的懒虫，又如幽灵一般萦绕在我们的思绪之中。约翰逊博士、拜伦爵士、亨利·大卫·梭罗、沃尔特·惠特曼、吉尔伯特·基思·切斯特顿以及伯特兰·罗素等人也许赞扬过懒惰的美德和快乐，但他们在现实生活中都陷入了一个悖论，就是他们恰恰利用懒惰的冲动成就了人类文明的经典之作。

这些自诩游手好闲的人，把无所事事的生活变成了一项工程、一份毕生的事业，并因此名垂青史，却不免有些自相矛盾。真正的懒虫只想要被人遗忘，不留下任何值得被留恋或令人钦佩的东西。小说中虚构的人物反而纵容我们沉浸于无偿浪费时间的自我幻想之中，让我们对"不负责任""挥霍无度""游手好闲"等从小被灌输批评与蔑视的负面行为羡慕不已。

可是，身处如此致力于"为理想而工作"的文明，我们怎么会对这些纯粹懒惰的形象着迷不已？答案是，工作与懒惰这两种截然对立的冲动与"心理机能的两条原则"（这是弗洛伊德1911年一篇著名论文的标题）[17] 各自关联在一起。首先，"快乐原则"旨在消除紧张，而这只有在我们得到想要的东西时才能实现。例如，如果我们饿了，或者被唤起了性冲动，我们就会通过吃饭或者达到性高潮来释放力比多，并获得随之而来的兴奋。

换句话说，快乐并不存在于刺激本身，而是存在于摆脱刺激或释放力比多之后所实现的平稳状态。但是，如果我们以这种方式疏导所有力比多的流向，就会陷入兴奋和疲惫轮番交替的状态，使得我们做任何事情都异常艰难。我们必须储备一些能量，以应付生活中的大事小情。

这就涉及了另外一条原则——"现实原则"。我们的内心在将这一原则逐渐内化的过程中，就能从延迟满足的实际收益中有所斩获。"现实原则"在我们心中越牢固，我们对自己和世界的掌控程度就越高。

弗洛伊德认为，科学家（从最宽泛的意义上来说，包括所有冷静追寻真理的人）是最全面地掌握了"现实原则"的人。科学需要耐心等待，需要即使得不到现实确定的满足，仍然坚持不懈的能力。科学是一项艰苦卓绝的工作，因为它处理的是现实，而现实中没有捷径可走。

弗洛伊德相信科学方向之于世界的优越性，这使他坚定地站在拥护理性与道德自律的启蒙传统中，但他反对启蒙运动鼓吹人类天生就具备理性和美德的观点。他认为，在我们内心的最深处，我们都是"快乐原则"的奴隶，努力寻求最平顺无碍的人生坦途。我们本质上都是懒虫。我们只是逐渐不情不愿地学会了适应现实中的那些条条框框。

启蒙运动中的伟大思想家们花费了大量时间，与这种幼稚的、享乐为先的人类本性做斗争。他们假设，我们就像自己的文明一样，可能会经历一个由依赖、无知和非理性定义的婴儿时期，但终会渐渐走向自主、知识和理性。启蒙自我的真正目的与使命即是将现实置于知性的统治之下，而不是屈服于愚昧幼稚的快乐冲动。

正如批评家皮埃尔·圣阿芒（Pierre Saint-Amand）最近谈到的那样，正因如此，懒虫和废物成了启蒙运动的死敌。17世纪的道德家安托万·德·考汀（Antoine de Courtin）在《论懒惰》一书中谴责懒惰是一种"麻木、消沉、荒废的状态，一种使人耗尽勇气、逐渐反感一切善行的负累"[18]。懒惰通过削弱圣阿芒所称的"行动的必要性"，破坏了男子气概所必备的自主性和责任感（在启蒙思想家看来，懒虫明显缺乏男子气概）[19]。

懒虫的不求上进、道德上的松懈放纵和享乐主义强烈驳斥了启蒙运动所提倡的虔诚信仰，至少理论上如此。但事实上，这一时期的许多作家和思想家与"闲散人士"保持着更为错综复杂、暧昧不清的关系，一方面鄙弃他们的生活方式，一方面又为之深深着迷，这种矛盾在德尼·狄德罗（Denis Diderot）的小说《拉摩的侄儿》里体现得淋漓尽致。

狄德罗无疑是法国启蒙运动中的巨人。他涉猎广泛，散文和小说都能信手拈来，而让他最负盛名的，还是编辑出版了现代的第一部大百科全书。这套17卷的皇皇著作，囊括了当时顶级思想家和作家的重要作品，包括伏尔泰、孟德斯鸠、达朗贝尔、卢梭，以及狄德罗本人。《百科全书》被誉为"人类积累和传播知识"这一伟大工程中的一座里程碑。

狄德罗的生平及作品都彰显了他追求道德和理性进步的不懈努力，不过也正是他，写下了《宿命论者雅克和他的主人》[20]。这部小说通篇是一个名叫雅克的男仆和他无名的主人之间漫无边际的对话，是文学史上对漫无目的的愉悦闲聊的崇高致敬，也是对理性进步的一次揶揄。

也许狄德罗最伟大的文学成就是创造了一个留名青史的懒汉。就像柏拉图的那些对话体小说，《拉摩的侄儿》以化身为书中人物的狄德罗在路上的偶遇开篇，引发了一场关于如何生活的漫长争论。与柏拉图不同，对话的主导者并没有站在智慧和美德这边，而是代表着欺骗和邪恶。拉摩*是一名音乐教师，"上帝使我们这个国度里各种怪物应有尽有，这个人便是一位最稀奇古怪的人物"[21]。†

狄德罗在摄政咖啡馆躲避寒冷的天气或大雨，围观别人下棋，在无所事事之时遇见了拉摩。他们聊着天，然后话题转到了拉摩遇到的麻烦上。拉摩靠阿谀奉承、坑蒙拐骗在有钱人家里混吃混喝，这一次做得太过头，免不了被人家赶出了大门。狄德罗听到拉摩为自己道德败坏、自我放纵、找靠山吃软饭的一无是处的生活做辩护，表面流露出嫌弃的态度，却也暗自觉

---

* 这里以及后文中的"拉摩"都是指小拉摩，即书名中的"拉摩的侄儿"，因为叔侄同姓，故在小说中也被称为拉摩。——编者注
† 本章中《拉摩的侄儿》相关引文均参考袁树仁、吴达元译本，上海译文出版社，2021年。——编者注

得有趣，甚至萌生出了些许羡慕之情。狄德罗对拉摩的回怼敷衍得很，说明他其实很爱听对方那番荒谬的自我辩护，甚至舍不得严肃反驳。

无论如何，狄德罗没有批评拉摩半句，因为拉摩自己把该说的都说完了。狄德罗称他为"懒汉、馋鬼、懦夫、无耻之徒"[22]，对此，拉摩以懒汉特有的无耻回答道："我想，这些我都告诉过你。"拉摩总是在逃避，他幻想着未来可以一面醉生梦死、声色犬马，一面加倍偿还他在贵族管家手下受尽的羞辱。在这一点上，狄德罗不无讽刺地赞叹道："你发了财，如此使用财富，还真是……对你的同胞来说很有益处，对你自己则很光荣。"[23]

但拉摩不会被这番冷言冷语影响到一点。狄德罗斥责他，劝他培养美德，诸如增强荣誉感、认真做事、成为有用的人，但对于拉摩来说，这不过是普遍法则冠冕堂皇的外表下掩盖的一席空话。他厚颜无耻地模仿智慧过人的所罗门王，劝告狄德罗："喝上等美酒、吃珍馐佳肴、玩漂亮女人、睡弹簧软床，这就是一切。"[24]

拉摩夸夸其谈着"快乐原则至上"。珍馐佳酿、窈窕淑女带来的感官愉悦，不过是通往柔软睡榻途中的驿站，而睡榻才是可以让人舍弃所有身心气力，乐而忘忧的终点。快乐的终极目的，至少在拉摩和弗洛伊德看来，不是兴奋，而是平静。

狄德罗所捍卫的那种高尚生活，反而不可能让人趋于平静。这种生活需要自我否定、自律、对言行的意图及影响保持警惕。

它喋喋不休地数落着你的不负责任和自私自利。狄德罗斥责道，拉摩不仅对高尚的生活一无所知，"你……甚至学都学不会"[25]。拉摩回答道："那再好不过，这种生活说不定会把我饿死、烦死、悔恨死的。"拉摩说，学习忍受一种粗茶淡饭、远离声色、自责自省的生活，完全是作茧自缚。这意味着接受困苦，而不是消减贫穷，是要故意熄灭自己心中的欲望。

这场对话既让人反感，又很吸引人。拉摩的生活之道即是无所节制地需求和索取，这在道德和逻辑上都是荒谬的。然而，我们很难不去接受他为这种无耻人生所做的慷慨激昂的辩护，很难不认同一个毋庸置疑的逻辑——苦日子确实比不上轻松舒适的生活。狄德罗借拉摩的雄辩，让我们见识了隐藏在自己内心深处的那个拉摩，那个不断索取，对妨碍自己获得满足的障碍大声抱怨，不明白自己为什么要等待、要工作、要负责的巨婴。

拉摩之所以吸引我，是因为他敢于为那个藏在我心里羞于见人的懒虫发声。我很幸运，能日复一日投入一份有意义、有吸引力的工作，这时再说自己懒倒像是故作姿态了，但我还是想说，我看似坚定而切实的努力，其实都是从那股"不工作"的强大引力中挣脱出来的。

叔本华写道："任何产生世间现象的事物，都必定有能力保持静止不动，不让这些现象产生。"[26] 我经常感到他的这份洞见跳动在我胸腹之中——不是在我实际活动时，而是在那些打断我实际活动的琐事之中涌现出来。正是这些日常琐事不停堆积，造成了种种"世间现象"。在清理桌子、爬楼梯、走向车站的时候，我都会发现自己原本可以不这么做，"有能力保持静止不动"。我内心愤怒地抗议着行动、责任和意志加之于我的无尽折磨，很多时候抗议的声音都像奥勃洛莫夫那样羞怯，但偶尔也会像拉摩那样无耻地发牢骚。我不想工作、创作、参与活动和贡献精力。我宁愿别人这么做，这样我就不必动手了。或许，这可以在某种程度上解释我为何会如此迷恋我们这个时代的拉摩——那个懒散、无用、不负责任与幼稚孩子气的伟大代言人：荷马·辛普森。

史努比、加菲猫、荷马——为什么卡通片会成为孕育这些懒虫废物的沃土？我童年的大部分时间都挥霍在看漫画和动画片上，这一经历让我明白了懒虫与卡通影像之间的渊源。懒虫之所以会成为漫画和动画片中的常客，是因为尽管绘制卡通的过程千辛万苦，但卡通本身却来自我们想象力中最为懒散懈怠的部分。

这种说法听上去与直觉相悖。特克斯·埃弗里和汉纳-巴伯拉（Hanna-Barbera）的作品充满了狂躁的能量，每一帧画面都充斥着喧嚣、暴力和欢乐，但这正解释了为什么人们可以安安静静地坐着看动画。兔八哥、达菲鸭、汤姆和杰瑞所处的世界可以随时无视现实生活中令人厌倦的束缚，例如自然法则、道德戒律，甚至是死亡。

莫里斯·布朗肖指出，我们摆脱现实困境最直接的途径就是沉浸于艺术世界之中。他写道，艺术家"处在一种'不行动'的状态里，表面上看是因为他在主宰想象力的世界……但实际上，艺术家毁灭了'行动'，不是因为他搞的都是些不现实的东西，而是他可以让所有的现实都呈现在我们眼前"[27]。布朗肖的观点在于，在想象力的疆域中，一个人可以随意做出或撤销行动，没有任何一种艺术形式比卡通片更生动地向我们呈现出了这一点。

现实生活怎一个"难"字了得？太多的事情阻碍了我们的随心所欲。卡通片里的生活消除了现实中的障碍——包括我们身心的局限性，以及物质和精神世界的种种规则，邀请我们进入一个能毫不费力创造或摧毁任何东西的世界。在这个世界里，让拉摩"饿死、烦死、悔恨死"的东西已经烟消云散。猫、鸭和人都可以被轻而易举地切片、充气、拉伸、炸碎、焚烧和殴打，然后马上满血复活，完全不会受到良知谴责或逻辑不自洽的恼人指责。

这就是为什么在荷马·辛普森身上，懒惰可以与上了发条般的疯狂活力和谐共存。他不需要接受任何烦人的训练就可以成为宇航员、摇滚明星、流浪汉或黑手党。荷马体现了懒虫和卡通片之间最根本的共性——你可以做成任何事情，而完全不用实际动手。

《辛普森一家》的故事往往围绕着荷马无耻的摸鱼犯懒，以及他为达成这一目标所走的可笑捷径展开。为了获得残疾人福利，他把自己吃得那么胖，将人生变成一场对理性和目标的漫长蔑视。在万圣节特集《恐怖树屋》中，他吃了一口外星黏液，变成了一个贪婪的食人怪物，一个疯狂摄取的纯粹化身。

荷马有点像乔治·巴塔耶设想的"至尊者"[28]在流行文化中的化身。所谓"至尊者"，是"纯粹消费"这种新兴经济的具象表现，他们拒绝"现实原则"所要求的延迟满足，而倾向于即刻满足欲望，生产的意志完全被消费的愿望吞噬。《辛普森一家》的人物身上，所散发的那种微弱骇人的尿黄色暖光，就类似狂饮达夫啤酒、大嚼猪油小子甜甜圈后的虚无极乐。这是心满意足后乏味而颓废的色彩，是轻易的满足和肆意的浪费造就的景观。

这或许也解释了为何这部动画片如此迷恋于描绘荷马所引发的环境末日事件。在虚无主义感极其强烈的一集里，荷马因为不想自己倒垃圾，因而参与竞选春田市的公共卫生理事，以"别人就不能行动起来吗"（"我这是何苦呢"的巧妙变形）这句口号赢得了市民大会的支持。荷马的放纵散漫和挥霍无度很快感染了市民，他们不仅不再倒垃圾，也放弃了个人卫生清洁。在这个"全体市民犯懒"的美妙幻想中，会有一群身穿水手服的人凭空出现，为大家擦去沾到衣服上的酱汁，并偷偷帮他们扔掉过期的色情刊物。

荷马的解决方案其实只会不断激增他要负责处理掉的垃圾。他一个月就挥霍掉了部门全年度的预算，只好把春田市的废弃矿坑出租给全国各个城市，将其变成它们的外包垃圾填埋场。于是，整个春田市变成了一个散发着腐臭味道的巨型垃圾场，公园、高尔夫球场，甚至市政厅中都满是从垃圾山中喷涌而出的脏水。再无解决办法，只能把整个春田市平移到 5 公里外的地方原样重建。

在这一集中，荷马被塑造成带领世界回归混乱无序状态的先驱。他的竞选模仿了鼓吹高效目标、打着"我能行"口号的政治家所使用的传统话术，却掩盖了潜藏其中的虚无主义和非理性——正是这两者，可能摧毁支撑世界的构架。

荷马向我们展示了为什么懒虫既会受人追捧，也会招致憎恨。在迫切需要面对现实的时候，他呐喊道："我这是何苦呢？"然后便明目张胆地投入漫无目的的懒散生活中，而我们其他人只能不甘不愿地放弃这种生活。

倦怠者对散漫闲暇的喜爱之情，会因紧张不安、羞耻和内疚而消失殆尽，但懒虫不同，他们恬不知耻地欣然接受惰性状态，并公开拒绝这个由工作和生产定义的文化中，能够为他们赢得社会认可的勤奋工作和各种责任。

———————

克里斯不是坐下，而是整个人垮了下去。他跟跄地走进诊室，似乎准备做出一系列我们称之为"坐下"的无意识动作——弯曲膝盖，缓缓落座，将肢体调整为偏爱的姿势和角度；不过，他最终只是让膝盖一松，屈服于地心引力，一屁股重重坐了下去，震得椅子直摇晃，也吓了我一跳。

现在看来，在那一刹那，他的无意识找到了一种方式，来传达他人生中那莫名发生的剧烈冲击，那重重坠落的声音仍回荡在他的身心之中。他穿着一件超大号的运动服，扯了扯乱蓬蓬的头发，告诉我，他的故事可能会令我大吃一惊，因为就在不久之前，他还在伦敦的一家投资银行工作，每周工作90个小时。他说得没错，就是绞尽脑汁，我也想不出比面前这个步履蹒跚的身影走在玻璃幕墙办公楼里更不搭调的画面了。

克里斯在巴黎一家精英学校就读金融研究生时，就被银行挑中，一头扎进了过度加班的工作文化中。在接下来的两年里，他轻而易举地并购了几家公司，就像从前在课堂与操场上取得骄人成就一样得心应手。

直到有一天早上，5点半的闹铃响了，他却没能像往常一样条件反射似的爬起来。他关掉了闹钟，躺在那里，凝视着天花板，决定不去上班了。在无梦的睡眠和空虚的清醒时段之间来回折腾了6个小时后，他穿上运动服，去了星巴克和超市，把盒装甜甜圈和速食食品装满了购物篮。速食餐就这样成了他此后每日的正餐，通常还要配上一罐罐啤酒。"我就是这么变成这副模样的。"他说着，脸上带着一种释然的、甜甜的微笑，轻捏着上衣下面的那堆赘肉。他的肩膀、胸脯、肚子——他的整个身体似乎都随着灵魂垮下来了。

大约三个月过去了，他丢了工作，以惊人的速度从一个干劲十足、精力充沛的人变成了瘫倒在我面前的这副模样。他什么都没做，也不见任何人。他与那些关心他的同事、好奇八卦的亲朋好友渐渐断了联系，最终收到了邮寄过来的解雇通知。

他奇怪地发现，这封信并没有给他带来困扰。他只在必要的时候和美国的父母通话，不让他们察觉出自己的近况。父母知道他总加班，本也不指望他会多聊什么，再说他也从来没告诉过他们什么大事。

他陷入电视和脂肪堆积的孤独阴霾之中，三个月就这么过去了。"你相信吗？我以前是个运动健将，现在却成了个专业死肥宅。"突然激增的食量甚至把他自己都吓了一跳。就在昨天，上午11点半，光是早餐吃的麦片就抵上了他从前一整天的卡路里摄入量。"我现在的身材糟透——了。"他笑着拉长了声调。我说他看起来是自愿变成这个样子的，而且不仅在饮食方面如此。"好吧，"他略带挑衅地说，"也许我从来就不想要以前那副样子。"

克里斯在圣路易斯的富人区长大，是家里的独子。他回忆起现在已经离了婚的父母，他们将无爱婚姻中的挫败感转化为望子成龙的殷切期望。他收获了全优的成绩单，成为棒球队队长，还申请到了常青藤联校的奖学金，在他看来，这一切几乎是从自己出生的那一刻起就被安排好的。

他自顾自地回忆起 14 岁时和父亲一起去市区一家老式理发店的经历，他从镜子里看到父亲拿手指在自己头上比画，让理发师照样给儿子修剪。"我告诉他，'但是，爸爸，我讨厌那个发型'。我想剪摇滚明星那样的发型，不想理完发后看起来像个该死的海军陆战队员。他没有冲我嚷嚷，也没有露出生气的神色，只是盯着我说：'你就是要剪成这样。'就这样，从那时起，这就是我的发型了。"

"这就是你的样子了。"我说。

"我的样子。"

理发师剪完头后，克里斯注意到镜子里的父亲露出了赞许的笑容，便决定以后都按照既定的方式做事，尽量不要反抗。在克里斯心里，父亲或母亲总是跟在他的身后，随时准备露出镜子里那种赞许的目光。绝对的屈从竟然能让他取得如此之多的成就，这实在令人惊讶。那个海军陆战队员式的发型显然是有意为之的。"海军陆战队员接到前进或开火的命令时，绝不会站在那里摩挲着下巴，盘算着自己想要怎么做或者应该怎样做。他没什么需要左思右想的，照做就可以了。"

之后的他对生活中所有的事情都抱着服从的态度，一切照单全收，从没有停下来问问自己手头上的事情能否带给他快乐、能否让他感兴趣。他知道别人想让他做什么，这就足以无限期地搁置"自己需要什么"这个问题。

不过尽管如此，有时他还是会觉得自己和周遭的世界不对劲。当他收到达特茅斯学院的奖学金时，他盯着通知书，感到一阵前所未有、离奇古怪的恐慌，仿佛这份通知书根本不是寄给他的。"也许你的感觉没错，"我提醒他，"你可能会觉得，尽管你做了那么多努力，但这份奖学金与你并没有多大关系。"他叹了口气："也许吧，当时我也搞不清楚。我父亲似乎一辈子都在生气，我母亲这一生都在悲伤中度日，这些才是和我有关系的。我以为这封通知书多少会带来一些改变。我爸读了通知书，拍了拍我的肩膀，我妈也看了，捏了捏我的手，他们说'太棒了，儿子'，

'太不可思议了，宝贝'，然后各自回到了不快乐的情绪里。"

在随后的几年里，他更是一门心思地投入个人成就的逐步积累中，但是父母那挥之不去的存在感似乎消散了。他获得学位、晋升、奖金，都是由某种不可阻挡的欲望驱使，但欲望从来就不属于他，现在似乎更不可能再属于任何人。他漫无目的，却身不由己、停不下来。

直到有一天，在银行里，他突然意识到自己在工位上花了多长时间做白日梦——幻想着能回到自己的小窝睡觉。当电话响起或者有人叫他的名字，把他从白日梦的安乐窝中惊醒时，他就会被一种可怕的恐慌笼罩。"有一次，有人问我还好吗，好像是被我的样子吓到了。我低下头看了看，发现自己的整件衬衫都被汗水浸透了。大约三周后，我就不去上班了。"

是什么触发了这场小小的灵魂毁灭？我们一次又一次地回到这个问题上，却似乎总是会引出那句相同的话："我只知道我需要停下来。""我需要停下来"——他每重复一次，这句话都让我更加费解。在克里斯身上，"停下来"不知何故已经失去了它原本"中止"的纯粹否定意义，反而获得了一种"真正行动起来"的神秘特质。

温尼科特认为，自我是由"存在"和"行动"这两个基本要素构成的。他写道，存在感"是自我发现和实在感觉的唯一基础"。当"行动"这一要素变强，而"存在"这一要素被削弱时，就会出现精神失常。从记事开始，克里斯强迫自己做事的渴望就取代了他自身存在的感觉。他上班时越来越频繁的精神紧张和心不在焉、突如其来的不想下床的冲动、对垃圾食品的欲罢不能：这些行为都是在向掌控了他一生的"行动"抗议，同时表达出一种渴望，希望自己重新变成一个会呼吸、知疲倦、感受得到饥饿的人，一个单纯的"存在"。

他放松四肢，闭上双眼，躺在沙发上说话，时而懒散地拉着长音，时而急切紧张。他还要像个婴儿一样整天饱食足睡多久？星巴克、超市，还有心理咨询室——就是他这几个月来所到过的最远的地方。那最后一根稻草会在何时压下？我又该在什么时候强势介入？

我好奇他是否知道最坏的事情已经过去，是否知道他真正需要做的事情，其实就是他现在正在做的。对此，他怒不可遏地大吼："你有没有搞错？我在做什么？我在做什么？我什么也没做！"

我没有回答，我们两个就这样沉默着。治疗时间结束，我似乎看到他微笑了。

两天后，他告诉我，几个月以来，他头一次走到了比超市更远的地方。他原本计划到附近的跑道上重新开始锻炼身体，然后突然发现一月份的阳光是如此清爽怡人，于是他开始散步，一走就停不下来了。他走过哈格斯顿、海布里球场、布卢姆斯伯里出版社、卡姆登区、塔夫内尔公园和汉普斯特德公园。他一直走啊走，最后累得瘫坐在长椅上，心满意足地看着太阳落山。

"然后我就笑了。我已经29岁了，我在高中和大学都参加过田径比赛，我跑过的路少说也有几千里了，但是昨天，有生以来第一次，我迈开双腿时，并不知道自己要去向何方。"

| "这座沉重的肉山"：奥逊·威尔斯 |

58 岁的奥逊·威尔斯在脱口秀中频繁露面，其中一次，他告诉主持人梅夫·格里芬（Merv Griffin），他年轻时一直在"试图变老"，而现在是时候"假装年轻了。我永远不是中年人，我轻巧地跳过了那个人生阶段"[29]。

我们大多数人都经历着一个线性的衰老过程，生命的一个阶段让位于下一个阶段，威尔斯则将其视为一系列可选择的内在状态：年轻可以符合年龄，也可以超前于年龄，而这中间不想度过的年龄可以直接略过。若不是这段余兴访谈如此精准地描述出了威尔斯的人生轨迹，我们很可能会对他这种抹消生命进程的特殊方式不屑一顾。

威尔斯 16 岁就迈进了都柏林城门剧院，很快被选为主演，20 岁出头时，他已经成为美国戏剧广播界最炙手可热的红人。25 岁那年，他得到了一份前所未有、羡煞旁人的好莱坞合约，得以全权制作处女作电影《公民凯恩》。自 20 世纪 50 年代以来，《公民凯恩》就一直被众多影评人评选为有史以来最伟大的电影。

威尔斯刚刚走出青春期，就高居通常只有年长的大人物才能取得的显赫地位。然而做客梅夫·格里芬的脱口秀时，他早已不得不自行筹备电影融资和编导工作——那时，20 多岁、雄心勃勃的电影新人才常常这样拍电影。

晚年时至高无上的荣耀敌不过年轻人的意气风发、勇往直前。威尔斯在他晚年的纪录片《赝品》中恰如其分地调侃道，他可谓从顶峰起步，然后自此走上了下坡路。在他精彩的人生和职业生涯中所缺失的是中年时期——一个持续稳固声誉的时期。他那时已经四五十岁了，但是正如他所说，他从来没当过中年人。他继续拍电影，但始终无法适应讲求效益的好莱坞制作模式；他结了好几次婚，生了很多孩子，但没办法安定下来过传统的家庭生活。

在了解威尔斯的人生和作品后，我们很难不对自己的人生自惭形秽。我思索着他的创作危机、挥金如土、放浪形骸，想到他好色贪吃又嗜酒，我这个中年人顿时相形见绌，感到自己的生活平淡无奇，简直是白活一场。我每天早上按部就班地接待病人，在诊室里久坐不动，构成精神分析师日常生活的种种仪式和态度，在他如此宏大的人生面前，似乎是那么微不足道。

威尔斯在我这个年纪时，正在奥赛火车站的断壁残垣中日夜赶工拍摄《审判》。两年后，他在自己执导的《午夜钟声》中饰演福斯塔夫，为自己安排了一出痛彻心扉的表演。这部电影的艺术价值就在于他身心方面对角色的深刻融入，这甚至能从剧照中一窥其貌。他头发蓬乱、胡子拉碴，黑斗篷罩住了他一米九、将近三百斤的身躯，这些都彰显了他与福斯塔夫的融合。

约翰·吉尔古德（John Gielgud）在《午夜钟声》中饰演亨利四世，他提到，在影片拍摄期间，威尔斯突发湿疹，无法洗手，还因腰围过肥导致胆囊出了问题。威尔斯一向看不起方法派演员，但《午夜钟声》使他成为圈内有目共睹的方法派——

福斯塔夫经历的艰苦人生成了威尔斯本人的亲身经历。

在威尔斯权威传记的第三卷中，西蒙·卡洛（Simon Callow）提到，威尔斯会对那些未能及时领会指示的演员表现出极度的不耐烦："威尔斯最不能容忍的一件事就是反应慢。"[30]

"反应慢"不就是"中年"的代名词吗？人到中年，我们的生活和性格变得更加可以预见，更加因循守旧。这使得我们不会轻易感到惊讶，也难以出现突然爆发的创作活力和灵感，而这正是威尔斯导演工作的动力所在。对威尔斯的指示反应迟钝，也就意味着要花上一段时间去倾听、理解、思考可能的选择。问题是，如此一来，当你终于跟上威尔斯的节奏时，他的思路早就已经走远了。反应慢打断了他的进度，扰乱了创作过程的连贯性。

相较于此，年轻是急不可耐、浮躁好动、蛮干鲁莽的。年轻人会让自己随着当下的浪潮前进，释放冲动而不是深思熟虑。从这个意义上说，威尔斯从未放弃他的青春。诚然，也许如他所说，他年轻的时候一直在"试图变老"，但这本身就是一种再年轻不过的表现。威尔斯与其他年轻人的不同之处在于，他想要变老的疯狂愿望实现了。25岁的时候，他的履历已经足够精彩丰富，堪比年纪大他两倍甚至三倍的雄心勃勃的实干家。

像威尔斯这样一炬熊熊燃烧的火焰，不会轻易屈从于平庸安稳的生活，不会沦为暗淡的火星、丧失理想，也不会与我们所谓的中年妥协。他反而会烧得更加猛烈，想要吞噬面前的一切，直到肉体和灵魂都像福斯塔夫那样臃肿、疲惫、邋遢。

威尔斯的火焰显然从一开始就燃烧得格外绚烂。他一来到这个世界，非凡之处就显露无遗。他的母亲比阿特丽斯向来不遗余力地赞助艺术，还是基诺沙市教育委员会主席。她很早就看到了儿子超越凡人的早熟，对他的成长悉心呵护，在他还不会说话时就给他读莎士比亚的作品，让他从小就沉浸在诗歌、音乐和高谈阔论的氛围之中。

小威尔斯9岁那年，比阿特丽斯死于一场漫长而痛苦的黄疸病（当时这是绝症），他深感自己肩负着她为他安排的特殊使命。很难想象从那一刻起，他就承受着这份旷日持久、让人不堪重负的压力。母亲在世时，他可以设法调整或发起挑战，甚至拒绝她在他身上投射的理想。然而她的死使这种带有惩罚性质的理想成为他内心世界的永恒折磨，因为他总觉得自己做得不到位，还可以更好，总觉得无地自容。安迪·沃霍尔应对这一困境的方式是斩断欲望，但威尔斯宁愿坚持不懈地追求欲望，直到最后笨重劳累得再也追不上。

他向外界展现的自大狂妄和傲慢张扬遮蔽了他不堪一击的脆弱，这不仅表现为他不时抑郁崩溃，还体现为身体上的病痛折磨，最难以忍受的是伴随了他一生的慢性哮喘和湿疹。皮肤和呼吸道是分割身体内外的膜，威尔斯的这层膜被磨损得薄如蝉翼。无论是他的聪明才智还是狂热凶悍，无论是他超越常人的活力还是他那气势磅礴、迅速膨胀的身躯，最终都无法掩盖薄膜之下流血的伤口。

雪上加霜的是，小威尔斯在成长过程中得不到父亲的管教佑护。父亲迪克是个始终缺席的家伙，他是一位发明家，也是个应酬不断、纵情酗酒的花花公子。在威尔斯4岁时，母亲就不让他和父亲见面了。迪克风流倜傥，却也同样无能，无法在儿子内心灌注一点清醒的现实感，以抵御母亲的强烈期盼。威尔斯也没有强势争宠的兄弟姐妹来转移母亲的注意力。哥哥小理查德比他大10岁，不服管教，在威尔斯还是个婴儿的时候就被送到寄宿学校去了。一旦离开了视线，小理查德似乎就被母亲抛到了脑后，她继而把所有的精力都投在威尔斯身上。

从出生起，母亲便为威尔斯规划出一条成功之路，全身心投入对他的培养中。威尔斯的第二部电影《伟大的安巴逊》（1942）的开场便暗示了他内心的傲慢张扬，这也许得益于母亲特殊的育儿方式。在电影中，作为安巴逊家族的后裔，乳臭未干的乔治·米纳弗驾着马车恐吓镇上的居民，并怒斥一个小男孩的父亲。他一头金色卷发，穿着带褶边的天鹅绒紧身上衣，像传说中的苏格兰劣绅那样穿着苏格兰裙，倚着手杖。他傲慢地站在高处，背对着长辈们不温不火的责骂，表现出一脸无所谓的漠然。

这个小孩子充满优越感、恣意妄为的形象确实令人心生反感，却也准确无误地暗示了威尔斯心中的自我形象。卡洛写道："任何形式的限制、义务、责任或强制行为对他来说都是无法忍受的，会让他陷入恐惧，从而引发他的破坏欲。"[31] 成年后的乔治·米纳弗对未婚妻要他自己谋生的坚持感到震惊，他告诉她，他打算过的悠闲生活要比"刷盘洗碗、卖土豆或处理诉讼案件"更加"体面"。

某方面来说，拿威尔斯与乔治做比较多少有些离谱。年轻的乔治听不进去别人劝他工作的言语，而年轻的奥逊却横跨舞台剧、广播和电影界，根本不理会别人劝他停下来歇歇的建议。然而，这样的对比又掩盖了一重更深层、更微妙的共性。这两个人都极其自以为是：面对中年人艰苦工作、勤奋稳步地迈向中产阶级的目标——过上收支平衡、稳定体面的生活，他们都像贵族般嗤之以鼻。

威尔斯的青年时期恰逢消费社会渐渐兴起，自我理想的口号"我们能行！"日益流行——从育儿手册到大众心理学书籍，从街头广告到学校课本，这句口号随处可见。正如我们所知，这句口号旨在激起深藏于我们内心的无能和羞愧感，但它同样也会催生一种优越感：这种无所不在的"打鸡血"，就是在鼓励我们蔑视所有限制我们抱负、欲望和能力的事物。"上等美酒""珍馐佳肴""漂亮女人"——威尔斯像拉摩一样，对追求快乐之路上的一切绊脚石怒火中烧。

威尔斯似乎既是这份过剩自我理想的受益者，也是它的受害者。过剩的自我理想激励着他源源不断地取得创作成就，却也是他情感和身体极其脆弱的根源所在。他越来越膨胀的外在自我，其实与萎缩扁平的内在自我只有一线之隔。

人如果相信自己的能力没有界限，就会与现实形成一种特殊的关系，这在马洛的剧作《浮士德博士的悲剧》中得到了鲜明体现。1937 年，威尔斯在百老汇联邦戏剧节上排演了这部舞台剧，由他本人扮演主角浮士德。威尔斯和浮士德一样，是一位热情的魔法师——从严格意义上说，威尔斯能在人生的各个阶段吸引观众为之神魂颠倒无异于一种魔法，而在更宽泛的层面上，他在生活和艺术方面也是戏法百出。

魔法师浑身散发着一种奇异迷人的优越感。他就像上帝一样，呼风唤雨不在话下。只要他一声令下，事物就会莫名其妙地出现和消失。也许，他为我们表演的就是所有人童年最纯真的幻想——摆脱现实中的种种烦人命令。教育最基本的任务之一，就是逐步在孩子心中确立对这些规定指令的尊重，告诉他们违抗指令徒劳无益。而魔法师会带给我们快乐，就在于他对这些教诲不屑一顾，让我们坚信现实不会成为阻碍。

这就是浮士德的故事所实现的幻想。在马洛的剧作版本中，浮士德用咒语召唤出了梅菲斯特，他一出场就问道："浮士德，你现在对我有何吩咐？"[32]这位魔鬼仆人自报来意，就是要请他的召唤者无拘无束地说出心中愿望。浮士德回应道：

> 我命你在我有生之年侍奉我，
> 听从我的差遣做一切事情，
> 无论是让月亮从天上坠落无踪，
> 还是让大海去淹没整个世界。[33]

幻想一个摆脱了物理法则和道德束缚的世界，这既堕落贪婪，又天真无邪，这是古往今来做白日梦的孩子们共同的愿望。

威尔斯的青葱岁月仿佛就是在讲述这个愿望是如何实现的。像浮士德一样，他将自身狂野又危险的能量，用于获取各种各样的魔法知识。同样和浮士德相似的一点是，年轻的威尔斯给人一种印象，即他所有疯狂的努力都是为了掩盖"所有事情都会如己所愿"这一事实。他16岁在都柏林登台，继而登上了都柏林最著名的剧场；他才刚刚将H. G. 威尔斯（H. G. Wells）的名作《世界大战》改编为广播剧播出，剧中"外星人入侵地球"的假新闻就让千万听众信以为真。对大多数人来说，即使我们费尽艰辛，也未必能如愿以偿，但对年轻的威尔斯来说，实现愿望似乎易如反掌。

我们不妨回想一下，浮士德是如何不顾上帝的盛怒，走上不归之路的。剧中最讽刺的一幕是，就连邪恶的化身梅菲斯特，也因为浮士德决心让灵魂坠入地狱而于心不忍：

> 哦，浮士德！别问这些无聊问题，
> 使我虚弱的灵魂受惊怖的侵袭。

若是了解威尔斯的人生故事，人们同样也会发出徒劳的呼声，劝诫他不要出卖自己的灵魂，不仅是因为这会让他吃尽苦头。对于一个坚定拒绝向商业主义投降的人来说，这样的劝诫似乎太过自以为是了。威尔斯坚守自己的美学理念，从不妥协

（至少在执导过程中如此，而作为演员的他，却的确接下了几部奇烂无比的电影），但从比较微妙的意义上来说，他或许出卖了自己丰富的内心世界，只为了让张扬的独特自我获得大众认同。

在当代公众人物中，的确有一些人的体格、姿态和语调比威尔斯更加独一无二、让人印象深刻，但是，威尔斯的独特之处并非自身天然孕育，而是在对他人掌声喝彩的贪婪渴求中发展出来的。正如文化评论家彼得·康拉德（Peter Conrad）所说，对威尔斯来说，成长是痛苦的，因为长大意味着要放弃大人们的"一致宠爱"。评论家们被他精湛的舞台造诣、惊艳的电影镜头和魅惑的音效运用所折服，却也总是在推测这般抓人眼球的技艺是否意在掩盖作品某种难以弥补的空虚。

耐人寻味的是，这种疑虑在威尔斯最广为人知、备受赞誉的电影作品《公民凯恩》中表现得最为鲜明。著名的阿根廷作家豪尔赫·路易斯·博尔赫斯（Jorge Luis Borges）还有一个身份鲜为人知——他也是一名影评人。博尔赫斯在一篇尖刻的短评中指责这部电影"太大、太学究气、太无聊"。他的矛头指向威尔斯支离破碎的叙事方式，这部作品"没完没了、过犹不及"地讲述着报业大亨查尔斯·福斯特·凯恩的种种生活片段，"要我们将它们拼凑起来，重构他的形象"[34]。

这导致凯恩在电影中的形象"模糊不清、影影绰绰"。博尔赫斯有一句后来很知名的评论（借用了作家吉尔伯特·基思·切斯特顿的名言），说这部电影就是一座"没有中心的迷宫"。这篇影评的文风简单直率，或许是因为博尔赫斯发现观看

《公民凯恩》和阅读威尔斯本人生平给他的感觉很相似，而这种惊人的相似性令他不适。从更广泛的意义上看，它已然成为对《公民凯恩》和威尔斯本人最为常见的扼要评价：他只是一个自诩为凯恩的空空如也的容器，等着被观众的赞誉填满；他似乎只依靠他人的幻想存在，而非自身价值。在大众看来，威尔斯也像是一幅支离破碎的马赛克拼图，必须被拼组重构。

当浮士德让亚历山大大帝起死回生，让王室看到他杀死了自己的死敌大流士时，浮士德告诫亚历山大大帝不要忘乎所以，因为他和大流士尽管与众生看起来没什么两样，却"只是影子，没有实体"[35]。威尔斯始终将魔法师浮士德视为艺术家的榜样，他能从虚无中制造出不切实际的幻象以愚弄观众。魔法师和艺术家都需要有大量的储备，凭借各种各样的训练和方法召唤幻影，并表现出一副轻而易举的样子。

换句话说，艺术家就是一种无所不能的人，拥有创造出自身世界的神奇能量，与此同时却又不做一事，不触及他人所处的现实世界。在整天奔忙的大众看来，艺术家富于想象的创作似乎是对时间和资源的一种浪费，他们创作时挥洒的疯狂能量只是一种放纵的懒惰而已。

1937 年，威尔斯在水星剧场制作《裘力斯·恺撒》（当时年仅 21 岁的他俨然已是戏剧界的名人），时任舞台监督霍华德·泰赫曼（Howard Teichmann）生动地描述过他的双重性格。泰赫曼说，威尔斯会坐在剧院中央通道的工作台旁，对着麦克风低声下达指令。这张工作台有两张餐桌大小，"他饿的时候，就会派人出去买吃的，他们会把堆积如山的牛排、炸薯条、冰激凌和几壶咖啡送进来，他会津津有味地吃掉"[36]。

排练的节奏是按照威尔斯那仍处于青春期的生物钟来进行的，这通常意味着从深夜开始，到翌日清晨结束。事实上，刚刚成年的威尔斯过的那种日子，就仿佛青春期男孩最狂野的梦想成了真。年轻人渴望的权力、食物、性爱、名誉和无限的创作自由，往往只能来自他们在自己房间里做的白日梦，但对威尔斯而言，这些都是现实世界中取之不尽的东西。因此，他的成年岁月也同样弥漫着一种童年时期朦胧迷人的氛围，就像一个魔法师的巨大游乐场，一切尽在他的掌控之中。

随着威尔斯征服了美国文化界的大半个江山（戏剧、广播、电影，最后是政治新闻和演说），他能够同时在所有领域保持自己强势迫人的存在感，这才算是最大胆的把戏。卡洛评论说："光是从数量上看，他的产出就非一般人所能及。"[37] 在那段身兼多职的时期，一名记者追踪了威尔斯 1946 年在百老汇阿德尔菲剧院上演受凡尔纳小说《八十天环游地球》启发创作的音乐剧《环游世界》时，是如何同时完成了那么多事情。除了自导自演这部音乐剧外，威尔斯当时还出席了一场科帕卡巴纳夜总会的开幕活动——他需要避免让自己在《环游世界》剧本的头几场戏中出现，以便在傍晚参加夜总会开幕演出。在夜总会演完一场后，他就会跑到阿德尔菲剧院，演完剩下的剧本，"然后再赶回夜总会上演两场午夜秀"[38]。下午没有安排《环游世界》场次的日子里，威尔斯还出演了《李尔王》，并为复排《五个国王》制订计划，这是他执导的经典浓缩版莎士比亚历史剧。在排练和演出的间隙，威尔斯会抽出几个小时为周五晚间半小时的广播剧撰写剧本、分配角色，并撰写周日广播的讲稿。

这种无法控制的过量劳动意味着什么？虽然威尔斯的多线营业往往是为了偿还巨额债务，包括他个人在创作上的投资和日常挥霍无度的开销，但这同样引出了一个问题：他是如何被困在这种开销过大、事业过度扩张的循环中的？

开销和事业的无节制扩张也让威尔斯的自我形象扩充膨胀。他过分地希望能实现自己远大的创作抱负，或者打造自己所向披靡的流行神话。他负担了太多的工作，在幕前幕后塑造出许多不同版本的自我。而为了应对如此众多的工作项目，他不得不在舞台、银幕、电视、报纸上开辟更广阔的版图。所有这些"坑"都需要钱来填补，这正是他对待自己空虚内心的具体表现。

1962 年，威尔斯在接受记者让·克莱（Jean Clay）的采访时，在对方的追问下坦言，他自诩为那些认为自我是"某种敌人"的东方或基督教神秘主义者。他接着说道，正是工作"让我从自我中走出来"[39]。对此，他一针见血地解释道："我喜欢我所做的事，而不是我这个人。"

他"所做的事"，也就是在舞台银幕前后不停地扮演自己，这是不是一种逃避面对真实自我的夸张方式呢？"向我提问就意味着判我死刑，"威尔斯解释说，"我受不了精神分析，弗洛伊德的那套理论杀死了人们心中的那个诗人。他消除了矛盾——

但这些矛盾对人来说是必不可少的。"

这些矛盾在他演绎的自我以及扮演的其他角色身上屡见不鲜，在空洞的"真实自我"前面插了一幕幕令人眼花缭乱、应接不暇的影像。威尔斯通过"自己做的事"，而并非"自己这个人"来了解自己，让自己成为一个永远被外界注视的对象，只能依靠无数人投射到他身上的凝视和幻想来体会自我。可是一旦揭开这些表演的面纱，除了"自我"丢失后留下的那片可怕空虚外，还剩下什么呢？也许收获赞美和恶名就是威尔斯确认自己存在的唯一途径。

我们或许认为，精神分析学家会提出警告，指出逃避自我对艺术创作产生的有害影响。但是威尔斯的事例和许多艺术家一样，提醒着我们"积极的创造"和"健全的自我意识"并没有轻松并存的可能。事实上，威尔斯最后也最被低估的电影长片《赝品》，便欢快地打破了两者共存的可能。

《赝品》是一部围绕着"艺术和自我一样，都是幻觉、欺诈和伪造"这个理念而展开的一部散文电影*。影片开场便是威尔斯站在火车站台上表演魔术，周围一群小男孩聚精会神地盯着

---

* 《赝品》是一部比较独特的影片，它采用了纪录片的风格，大部分素材来自一部介绍赝品画家艾米尔·德霍瑞的 BBC 纪录片。威尔斯将之重新剪辑编排，插入了克利福德·艾尔文假造霍华德·休斯自传的案件，杜撰了女友奥雅·柯达和毕加索的情事。威尔斯本人也在其中串场，漫谈自己人生中造假的故事。——编者注

他，一位年轻的女士透过车窗望着这一幕。"再秀一次你那招！"她带着迷人的微笑对威尔斯喊道。这位女演员名叫奥雅·柯达（Oja Kodar），是一位年轻的匈牙利演员，也是威尔斯晚年的伴侣。身材魁梧、老态龙钟的威尔斯和小他30岁、明艳动人的年轻女子之间的暧昧关系，不禁让人再一次对这位魔法师讶异不已：你究竟是怎么做到的？

随着影片将我们带入一场欺诈的罗生门，这个问题得到了回应。卖弄招摇的匈牙利赝品画家艾米尔·德霍瑞和他的传记作者、放荡的美国艺术作家克利福德·艾尔文相互欺诈瞒骗：德霍瑞流亡于伊比沙岛，与众多靠着他惊人伪造技艺发家致富的经销商生活在一起。艾尔文也住在岛上，正在为德霍瑞写作传记《赝品！》，但后来被人揭穿他曾凭借伪造文献捏造了美国飞行业大亨霍华德·休斯的自传。不过休斯本人也是位骗术大师，经常雇用替身在媒体面前假扮自己，愚弄公众。

这些环环相扣、层出不穷的伪造与赝品，建立在威尔斯对他自己职业生涯中种种假象的反思之上，比如他曾说自己是纽约著名演员，以此在都柏林城门剧院骗来角色（不过这个谎言很快就变成了事实）；比如他在广播剧《世界大战》里制作假新闻，哄骗成千上万的听众相信邪恶的外星人真的会入侵美国；比如他模糊了威廉·伦道夫·赫斯特[*]和查尔斯·福斯特·凯恩

<hr>

* 威廉·伦道夫·赫斯特（William Randolph Hearst）：电影《公民凯恩》中主人公凯恩的原型，是美国报业巨头。——编者注

人生的虚虚实实。随着这张网不断扩大，威尔斯也透露，《公民凯恩》的人物创作灵感并非来自赫斯特，而是霍华德·休斯。

而身为《赝品》导演的威尔斯从影片开场起就是个骗子，不可能原原本本去讲述那几个不可靠的叙述者的故事。这种错综复杂的把戏，其结果就是个人身份的认同、艺术和人生本身都变得虚幻无形。威尔斯曾说："艺术世界本来就是个巨大的骗局。"所谓专家有可能自信满满地将赝品当作真品鉴赏，反而对真迹的来源提出质疑。威尔斯笑称，专家就是"上帝自己的赝品"。

《赝品》戏谑地讽刺了种种专业技艺，令人眼花缭乱地揭露出各种事件和人物的伪装，在如今这个"假新闻"频出的时代里，倒是很能引起共鸣。这部电影预示，我们曾沾沾自喜地认为恒久稳固的政治与文化形态，也会突如其来地分崩离析、土崩瓦解。

电影的最后一个镜头运用了精巧的摄影技法，威尔斯将一个扮演柯达祖父遗体的老人裹在一张床单里，将他悬于半空，然后用魔法师的夸张动作将床单揭开……里面什么都没有。

在那一刻，威尔斯揭露了艺术的虚无，也暴露了自己的空虚，但是，这份艺术家的空虚并不让人恐慌，反而在艺术家的魔法之下转化为一种迷人的轻盈愉悦。法国的一份小报头条赫然写道，德霍瑞在影片的某段情节中"把自己的灵魂卖给了魔鬼"。就像浮士德的故事，赝品制造者将实实在在、有着崇高文化地位和厚重经济价值的杰作变成了"影子而非实体"，但是这种"炼金术"并没有把施展法术的魔法师拉进浮士德式的地狱，而是将他们送到了威尔斯式的天堂。

––––––––––––––––––

《赝品》展现出的轻盈愉悦只是故事的一个侧面。魔法是一门危险的技艺，烦琐手法之中的一点小失误，就能让不费吹灰之力的轻盈微妙变成骤然跌落的难堪。尽管威尔斯具有迷惑观众的魅力，但即便是浮士德本人，也会在全身心创造奇迹的时候失手出错。

随着威尔斯透支预算、拖延档期、疏远制片人的恶名逐渐传开，他在电影和舞台项目上的筹资也越发举步维艰。他的生活越来越像一场精疲力竭、手忙脚乱的杂耍，一部接一部的电影、写作、广播、表演、赶场，就像一个个被抛在空中的球，随时都有可能落到地上。拍摄过程中如果资金不足，威尔斯就不得不中断项目，前往一个又一个的欧洲电影剧组轧戏，通过在史诗大片中扮演小角色赚取高额酬劳。

对于自己在创作和财政上的难以为继，威尔斯有一种深深的无力感，痛苦地责难自己应该做得更多、更好，最终导致了一次次精神崩溃。这些时刻，我们可以一窥他如何试图通过疯狂躁动的工作来逃避无地自容、自我厌恶的绝望窘境。威尔斯无法忍受慢下来，也许是因为这样会给他独处的时间，让他有机会审视自我。

1938 年，威尔斯出演了威廉·吉列特（William Gillette）的滑稽戏《约翰逊的信》，该剧堪称电影改编舞台剧的先锋之作，演出却激起了观众的不满，他们向舞台投掷杂物，场面混乱不堪，而后演出被迫取消。从小陶醉在众人前呼后拥之中的威尔斯心中始终充满了焦虑不安，如今这种疑虑终于得到了证实。短短几天的时间，那个叱咤纽约戏剧界的神童就变成了观众口中的笑柄。

作为威尔斯的戏剧拍档，约翰·豪斯曼（John Houseman）在回忆录《排练》中，描述了威尔斯对《约翰逊的信》演出时惨况的反应："他在瑞吉酒店的房间里吹冷气，在七千米电影胶片的包围下，在黑暗中躲了一个星期……他觉得自己要被哮喘、恐惧和绝望折磨死了。"[40] 威尔斯圈子里的其他人也说他在这种危机中一定会对自己心生厌恶，会不留情面地自我打击。在这种时候，他的哮喘病会严重发作，似乎每次喘息都变成了他宣泄自我厌恶的出口。

从40岁开始，各种各样的慢性疾病就随着威尔斯迅速增大的腰围层出不穷。他的关节和双脚不时疼痛难忍，严重的哮喘也经常诱发扁桃体炎。卡洛提到，他时而疯狂工作，时而卧床不起，工作与病痛交替而来的模式越来越明显——"这也是他神秘失踪的真正原因"。

这些突如其来的"神秘失踪"带有某种奇异的酸楚感，在他不知疲倦的疯狂创作以及自我膨胀背后，隐藏着某种混乱崩溃。威尔斯有目共睹的宏伟浮夸之中，有一丝隐秘的无力感，这种双重性格在他的舞台剧表演中尤为明显。他对舞台设计、灯光、声效的每个细节都把控到了无以复加的地步，确保注意力在排练的每一刻都被各种概念和实际需求占据。

威尔斯如此这般分散自己的精力，以至于他几乎没有时间去排练自己的角色。因此，他只有在排练的最后阶段才会与其他演员一起彩排，而这对他和其他演员来说，都是可怕到无以复加的窘境。毕竟，他扮演的是奥赛罗或李尔王这样的重头角色，这意味着正常排练之中没有主角在场，可能会有另一位演员在排练时替他补位念台词，但对手演员很难猜测威尔斯最后上台时的节奏、语调或动作把控方式。

一个演员为什么会任性地将自己及剧组置于如此不利的表演环境中？威尔斯大胆的冒险蛮干，只是他自我怀疑和羞愧感的一种掩饰而已。他在台上台下的各种自我展现都掩盖了他对自己表演的极度不安。他的传记作家，同时也是杰出演员的卡洛评论说，威尔斯的表演很容易陷入慷慨激昂与煽情模式之中，这两种模式都"否定了真情实感，只求给观众留下深刻的印象，而不是袒露内心的真情，用表面技法掩盖内心情感的缺失"[41]。

正如伊阿古和苔丝狄蒙娜*都只能在威尔斯缺席的状态下排练，威尔斯同样也只能在自我缺席时表演。也许他推迟了与剧组其他演员排练，是因为害怕那些感情敏锐、洞察力过人的

---

* 伊阿古和苔丝狄蒙娜都是《奥赛罗》中的角色，伊阿古是剧中反派，苔丝狄蒙娜是奥赛罗的妻子，他们的核心矛盾冲突都围绕着男主人公奥赛罗展开。——编者注

演员看穿他的心不在焉。威尔斯出演了制作人理查德·弗莱彻（Richard Fleischer）1959 年执导的电影《朱门孽种》，该片改编自当时著名的"李奥波德与勒伯案"，威尔斯饰演辩护律师。弗莱彻对拍摄过程的描述在一定程度上印证了我们的猜测。

威尔斯会坚持拍摄特写镜头，还会要求拍摄画面之外的对手演员。卡洛写道："他会在整场戏里对着不存在的演员做出反应，插话、抢话、大笑、发怒，就好像有人在那里跟他说话一样。"[42] 当他迫不得已要和演员对戏时，他也会避免四目相对，如果无意中与对方的眼神接触了，他就会忘记台词。在拍摄法庭戏份时，他要对着演员 E. G. 马歇尔发表演说，只好要求马歇尔闭上双眼，马歇尔身边所有扮演助理检察官的演员也要闭上眼睛。卡洛引用了弗莱彻的描述："他们站成一排，闭着眼睛聚精会神地倾听。"

考虑到威尔斯没有舞台恐惧症或其他类似疾病的记录，这样的焦虑格外令人惊讶。事实上，他从年轻时起就在成千上万，甚至上千万名观众面前表演，还经常没有怎么排练过，或是即兴演出，完全没有出现过怯场或不自信的情况。所以看起来，似乎当面前只有一个观众的时候，他才会萌生畏惧。坐在安全距离之外观看演出的大批观众，可能会被他表演时所散发的魅力迷惑；只有对着一个全神贯注的观众表演时，他的把戏才可能失效。

威尔斯的肆意挥霍并不亚于他疯狂的创作力，两者背后的原因也很可能相同。他毫无节制地吃喝嫖赌，乱花自己的钱，还把别人拖下水，闹得他们和自己一样负债累累。"1946年《环游世界》的演出就花光了30万美元赞助费，而当时一部大型音乐剧的演出费用一般只有10万美元。"[43]评论家沃尔科特·吉布斯（Wolcott Gibbs）在回顾这部剧时说，各种复杂的技术和庞大的演员阵容"使得《环游世界》的成本高得让人难以承受"，他接着说，"当然，一个不太可能赢利的行业会对思维复杂、非同寻常的天才散发出难以抗拒的吸引力"。

吉布斯或许只是随意猜测，但这番话尖锐地指出，在威尔斯的职业生涯中，创造力和破坏的倾向总是相互纠缠不清。如果说自毁倾向破坏了他的创造性成就，那就忽略了两者之间更为暧昧复杂的关系：威尔斯显然沉迷于破坏性之中的创造潜力，以及创造力之中的破坏潜质。

百老汇和好莱坞对艺术和艺术家都各自有一套要求。大致来说，艺术家不应该冒犯大众道德观念或审美标准，也不应该过度偏离叙事和风格惯例。除了这些道德和审美上的责任，艺术家还要承担财政责任，也就是开销不能超过预算。艺术家要遵循基本的经济原理创作消费作品：要收回成本，赚更多的钱，让赞助商看到自己的投资有了回报。然而，这种富有责任感、"中年感"的流行艺术观念，正是威尔斯不由自主想要抗拒的。它植根于资本主义"投资要获得增长和扩张"的基本原则，即我们所说的"健康回报"。在这种情况下，吉布斯所说的"一场就是为了赔钱的戏"听上去可笑，细想之下却非常危险。它让人想到乔治·巴塔耶的"普遍经济"概念。在传统或"受限的"经济体系中，投资回报会进一步促进投资和生产，但在"普遍经济"体系中，既没有投资也没有回报，只有纯粹、无约束的消耗和浪费。

若是将威尔斯和巴塔耶等量齐观就有点太过火了，但是，在威尔斯对"中年经济"健康回报的持续反击中，我们很容易听到巴塔耶观点的回音。威尔斯的抗拒早在水星剧场时期就已经成了他的职业危机，1942 年他受美洲事务办公室的委托离开好莱坞前往巴西，制作一部促进美洲团结的电影时，这种抗拒成了他的生活方式。那部电影《千真万确》，原本计划成为促进南北美关系外交计划中的核心文化产品，但由于长期预算超支、进度停滞，它成了威尔斯职业生涯史无前例的致命灾难，开启了他自此每况愈下的序幕。

当这部电影的资金被出资方收回时，威尔斯已经无可挽回地疏远了当地摄制组和本土制片人。构成《千真万确》的四个段落都没有完成，其中两个段落都是未经剪辑、漫长混乱的纪录影像。雪上加霜的是，威尔斯的第二部电影《伟大的安巴逊》的后期制作工作才刚刚开始，他就离开了好莱坞，妄想在南美完成电影的后续剪辑工作。经过多次来来回回的长途寄送，《伟大的安巴逊》的最终剪辑版（或者更确切地说是最终删减版，因为有整整一个小时的影像原片丢在了寄送途中）终于完成了，剪辑和配乐都与威尔斯的本意大相径庭，趁着他远在巴西时上映，还不幸与《墨西哥猛汉见鬼了》排了双片[*]。

这一时期他所遭遇的困境以及不计后果的自毁（把风格精致的电影扔给工作室的外行处理，同时将下一部电影的预算花到其他地方）将在余生中反复上演。最令人沮丧的是，这种重复发生的事情总是发生在电影的后期制作环节，尽管在他看来，后期制作中剪辑和配乐的复杂变化过程是电影创作的核心，也是彰显他个人风格的主要方式。

威尔斯的电影都是同一个故事的不同翻版，他总是在最可能破坏电影美感与叙事完整性的那一刻失去对创作的掌控力。如果他不再远程遥控剪辑，就意味着他已经在合约中放弃了最终剪辑权，或者因为预算和日程安排与工作室的赞助商闹翻，又或者更糟：还没处理完当前的项目，便又着手下一部电影的制作。

威尔斯总是脑门一热就构思方案，在过程中注入了丰富的审美直觉和技术知识，但总是前功尽弃，让作品被一知半解甚至讨厌他最初构想的外人毁于一旦。仿佛创造力起飞的那一刻，就是致命崩溃的前奏。

我想知道，这样的运势起伏是否也描绘出了威尔斯身体的残酷宿命。年轻时魁梧的体格就是他贪婪野心的驱动力。不分

---

* 经济大萧条时期，电影公司为了吸引观众，推出了"双片"放映机制，即每次放映一部正片加一部 B 级片（通常是比较简陋、低预算的"次级片"）。《伟大的安巴逊》就成了《墨西哥猛汉见鬼了》的附属 B 级片。——编者注

昼夜地吃牛排、冰激凌，喝白兰地，似乎与他宏大的创作视野和霸气的个性完全贴合。然而，这种停不下来的暴饮暴食，后果实在难以控制，最终把他的身体和精神都拖垮了。乔治·巴塔耶似乎描述过威尔斯的身材，说这副身材完美展现了自然规律。威尔斯的身形就像巴塔耶笔下的那株植物一样，随着时间的推移，"朝太阳的方向生长，又在土地里溃亡"。

彼得·康拉德也曾描写过威尔斯大发脾气时的疯狂举动：他曾在丽兹卡尔顿酒店的客房里，把所有垃圾都倒在了地板上；还有一次，他把餐具加热器扔向豪斯曼，引燃了好莱坞查森饭店的餐厅窗帘。康拉德写道，他的这种愤怒"是在抱怨顽固不化、无法被改变的现实。这种气鼓鼓的状态可以让威尔斯回到一切还未成形之前——尚未有强加于我们的形式和规则，一切都柔软可塑之时……"[44]。

这种通常被称为混沌的状态正是威尔斯的人生与创作自始至终的走向，就像我们以为坚实可靠的结构分崩离析，身心不可阻挡地走向崩溃。人到中年，我们大多数人都会试图延缓这种态势，尽量在短暂的生命流逝之前，在这个宇宙之中停留得久一点。威尔斯却宁愿"轻巧地跳过"这个阶段——至少在艺术创作中，他让自己飘浮其上，但更为常见的情况是无法抵御地心引力的拉扯，最终坠落在地。

威尔斯 1958 年在拍摄于墨西哥边境的惊悚片《历劫佳人》中扮演了邪恶腐败的警察汉克·昆兰。他将自己的身体塑造并拍摄成一团不停膨胀、溢出屏幕的庞然大物，仿佛邪恶的肌理隐匿在了赘肉之中。为了扮演昆兰这个角色，他还在原本就相当健硕的上半身外加了一层厚厚的假体衬垫，让这个角色的臃肿肥胖看上去更令人胆战心惊。

昆兰怪诞的体型与威尔斯扮演的那个趾高气扬、自私虚伪、邋遢混乱的小丑约翰·福斯塔夫爵士迟暮苍老、脆弱松弛的皮肉形成了鲜明对比。不止一位评论家暗示过，威尔斯对福斯塔夫这个角色的深刻认同，使得他的表演丰满而富含底蕴，这是他扮演莎士比亚其他剧作主角时无法企及的高度。《午夜钟声》里的福斯塔夫，并不是其他人剧作中那种夜夜笙歌的派对达人，而是一个身心备受摧残的人，厌倦了生活赋予他的角色。他的微笑是疲惫无力的，萦绕着一种无可救药的悲伤，对自己和人生接下来的走向深感失望。

在福斯塔夫对自己英雄事迹的吹嘘之中，可以看到一丝威尔斯本人的痕迹，他热衷于编造自身的神话，也同样在各大电视脱口秀上编造了许多自己年轻时的事迹，有些往往互相矛盾。彼得·康拉德提到，1950 年，年仅 35 岁的威尔斯就觉得自己"浪费了青春，失去了前途"，这种自责从福斯塔夫贯穿《午夜钟声》的疲惫眼神中可见一斑，但最令人印象深刻的是福斯塔夫备受屈辱直至一败涂地的情节。

在这个场景中，哈尔和普因斯不断刺激福斯塔夫，怂恿他吹嘘自己在盖兹山的抢劫壮举，最终才揭晓他们就是冲着他来的——原来他们就是当时攻击他和他那些倒霉同伙的蒙面人，

"只要一句话，就能吓得你们落荒而逃"。哈尔制服福斯塔夫后，逼问"这座沉重的肉山"："你还有什么把戏、什么诡计、什么遁词借口，可以逃得过眼前这奇耻大辱？"

这也是威尔斯身陷一个又一个由自己造成的麻烦时所面对的问题：这次你还有什么把戏？

在莎士比亚的《亨利四世》中，福斯塔夫用了那套老把戏，用一个新的谎言来圆先前的谎言：他一直都只是在开玩笑嘛！"老天在上，你们的底细我还有不知道的吗？"电影把这种狡猾的借口变成了让人不忍承受的辛酸情节。镜头从下方接近福斯塔夫，他坐在酒馆桌子后面，咧嘴笑着，直到原形毕露——在这个短暂的瞬间，戏中的主人公变成了饱受屈辱的受害者。他陷入沉默，笑容顿时僵住，寻找着能够应答的话语。

那瞬间凝固的笑容、那个绝望地想要抓住他已不复存在的尊严的形象，就是威尔斯最令人叹为观止的把戏之一。脸上微微僵硬的肌肉就将他内心世界的支离破碎和盘托出。在那具松垮、邋遢、臃肿的身躯之上，他的脸庞就像空虚极乐的中世纪雕像。在我看来，他一生中所有的屈辱都在那一瞬间全然暴露，并彻底偿清了。

什么都想做，什么都不想做

第二部分 · 反重力

第三章

白日梦想家

我翻看着家里的旧影集，看到相册里的那个男孩一脸做白日梦的神色，回头望着我，心里很是不安。我期待见到的是记忆里那个倒霉蛋，而不是眼前这个骨瘦如柴的小鬼。

这个小男孩仿佛在诗意的遐想中迷失了方向，但在我的记忆中，小时候的自己就像个胖老头一样步履蹒跚地行走于人世，埋怨着沉重的肉身。那时我脑海中的思绪也是同样迟缓，就好像在模仿着我懒散懈怠的肢体动作。数学和历史课上的讲解都成了耳旁风，从没能抵达认知和记忆的堤岸。我的童年无聊透顶。

即便如此，人生中还是有些心满意足之事：读书、编故事、作诗、写歌，看画、绘图、看动画片。我只有在那些更需要热情与主动，而非艰辛努力的活动中，才能从无聊的束缚中脱身，设法栖身于另一片天地、成为另一个人。

那时的我似乎对其他事情都提不起兴趣，手头上的事情总是拖拖拉拉，别人已经大功告成了，我才不紧不慢地开始。参加越野赛时，别人已经冲过了终点，我才跑了不到200米；对方射门的球总会轻轻松松地从我双腿间穿过，那些轻而易举就能接住的球总会滑过我的指尖落在地上。我总是后知后觉，等到去过了一座城市，确定了重要事情，标记了重要元件，才恍然大悟自己身在何方。

在科学领域里，能让我感同身受的一个概念是地心引力。地心引力是我的重要构成，而我就是它的存在活生生的证据。整个宇宙齐心协力地将你往下拉——这不是物理概念，而是人生。我总会不断想起那些《花生》漫画[*]的结尾：露西在最后一刻把球从查理·布朗脚下拿走；查理·布朗斜飞出去，口中"啊——"地尖叫着，他在空中飞得太久，以至那最后的"哐当"落地声格外刺耳。

那时的我还没有读过巴塔耶，多年以后才读到了他关于植物的描述，"朝太阳的方向生长，又在土地里溃亡"。在他看来，无形的崩溃是宇宙的宿命，这让我豁然开朗。查理·布朗早就告诉过我，飞在空中的身体或灵魂都注定要坠落。

在我的白日梦里，我会在云端翱翔；在难得清醒的时候，我也会努力让自己飘浮于尘世之上。我的钢琴弹得糟糕透顶，即使在几十年之后的今天，我偶尔也会对自己那时的放纵偷懒产生强烈的负罪感。我从不练琴，所以不会进步；而因为不会

---

[*] 《花生》漫画即查尔斯·舒尔茨所画的长篇连载漫画，主人公为史努比及其主人查理·布朗。漫画中常会出现的一段经典情节即如后文所述：露西扶住橄榄球，要查理·布朗过来踢，却在最后一刻突然把球抽走，害查理跌倒摔出。——编者注

进步，我就更不会去练琴。这份羞耻感是我无法逃脱的牢笼。是的，我可以练琴，但我手眼不协调，有谁能忍受得了我不断弹奏的刺耳和弦？

我每周都要在钢琴老师的严厉注视下汗流浃背地坐上一个小时，手指总会滑到琴键之间的缝隙上。我能理解他对我笨拙手法的无奈。有时我鼓起勇气偷偷看他一眼，都能看到他脸上的无声抗议。那表情像在说："像我这种在威格摩尔音乐厅演奏李斯特的艺术家，何苦为了几个钱在这儿自讨苦吃？"

"你为什么总是心不在焉呢？"老师们总是又好气又好笑地问我。即使在那时，答案也是显而易见的——飘在空中很美好，脚踏实地很糟糕。白日梦里，球永远不会被突然抽走，我能一脚把它踢进外太空。我这具孱弱笨拙又迟钝的尘世躯体将不再成为负累，体内那个英勇、优雅、才智过人的詹姆斯·邦德终于被唤醒。尘世生活是横亘在我与心仪之物中间的无尽障碍。体育任务、功课作业和艺术创造的要求都高得可怕，我知道自己永远都无法达到那种灵巧敏捷、苛刻严谨、举一反三的标准，因此一直都处在闷闷不乐、畏畏缩缩的状态。一位体育老师看到我在全能训练时拖拖拉拉的模样，叹息道："我能理解有人觉得吃力，但无法理解有人根本不愿努力。"我自己倒是始终觉得不愿做自己讨厌又不擅长的事情没什么难懂的。即使到了现在，我仍然搞不清楚这是我的问题，还是体育老师的问题。

我的体育老师和我遇到的其他成年人一样，只能看到我轻易的认输，以及像懒虫那样不愿为了提升自身而付出实在努力。

他们看不到，也不太关注在我额头后面那方狭小而无限的空间里，我每时每刻都在制造着层出不穷的神奇变化。

为什么总是心不在焉呢？为什么不能心不在焉呢？难道你真能给我更好的选择吗？我就像每个做白日梦的人一样，对此表示怀疑。根据我的经验，现实世界会让你像个奴隶一样辛苦劳作，却只换得来微薄的报酬，那么为什么不在别处另创现实呢？

我那缥缈空虚的内心世界偶尔也会青睐世俗尘缘。11岁那年的一个下午，班上那位精神矍铄的音乐老师把我们聚集在体育馆中的长板凳上，宣布要演一场戏，并号召我们自告奋勇即兴演出独角戏——一个人分饰所有角色。我一反常态率先举起了手。

我轻快地跑过教室，马不停蹄地投入短剧的演出中。我扮演一位神经高度紧张的父亲，带着孩子们到公园野餐，看着孩子们四处调皮捣蛋，他束手无策，崩溃不已。我变换着语调和姿态，模仿着那个可怜的男人、那群熊孩子以及气急败坏的路人，毫不费力地从扎马尾辫的小女孩藏着一肚子坏水的甜腻嗓音切换成退役上校嘶哑的抗议声。同学们哄堂大笑，我能察觉出他们不敢相信我竟能演得如此认真，而不是事与愿违地笨拙搞笑。

如果不是因为这场演出赋予了我不可思议的轻盈快感，我或许压根不会记得它。我的舌头和四肢卸下了往昔一直扛着的沉重负担，体会到了一种只有在白日梦中才体会过的敏捷机智。那一刻的我从容不迫地飞翔于尘世之上，而不是拖着脚步负重前行。

学校里排演的戏剧——莎士比亚、萧伯纳、迪伦·托马斯、王尔德相继陪伴我熬过了度日如年的中学时代。然而，尽管我所扮演的角色身材脾气各异，我的快乐源泉始终与那天在体育馆演出时别无二致：舞台能让我变身刺客、鬼魂、管家或狐狸精，却不用承担他们在现实中令人不快的苦差事。

当然，表演本身也需要下苦功，而且和任何一种艺术一样讲究天赋、努力和技巧。但演戏也和其他艺术一样，这些苦工都服务于想象世界而非现实生活，它们属于一个没有重量和实体的世界，在那里，没有哪个国王会真正被刺死，没有哪个倒霉的人会真正上当受骗，一切只存在于演员和观众之间有意营造的共同幻觉之中。

从这个角度来看，用"演戏"（acting）这个词来指代戏剧表演无疑有些讽刺。它的拉丁语词源"actus"是从"agere"演变而来的，意思是行事、驱使、造成某件事发生，指代已经完成，或者已经发生的事情，但是戏剧演出之中并没有发生任何事情。如果你在剧中杀死了国王，观众会喝彩鼓掌，让你隔天晚上再演一次。演戏就是在成为别人的同时仍然保全自我，好像做了某些事情，但事实上什么也没有做。

这难道不就是艺术真正的魅力吗？艺术将我们带入想象的世界，让支配现实生活的一切规则、逻辑和事实化为乌有。在现实生活里做事很辛苦，因为现实只允许我们在世界的一个小角落里活动打转，还会面对不计其数的障碍——包括身体和思想的能力界限，还有物质世界和人类社会中的铁律。然而白纸、空白的画布或空旷的舞台可以任由我们扭曲、破坏、改造和颠覆，让我们栖身于超越自身的无数自我和不同时空。

无论艺术家们有多么自律多产，似乎也很难摆脱世人对他们本质懒散的质疑。这听起来有点矛盾，但是对于那些被贴上"白日梦想家"标签的人来说，可谓深有体会。上课的时候，我的脑袋里充满了各种疯狂复杂的故事、人物和幻想，让我忙得不可开交，但因为黑板上写着三角函数题或拉丁文名词的词性变化，老师会觉得我在偷懒。他们说得也没错：回到自己脑中的幻想王国里，远远要比理解、背诵和处理现实周遭的琐事轻而易举得多。

从现实世界的角度看，艺术家的想象世界无论看起来有多么疯狂，本质上都是懒散的。事实上，正如莫里斯·布朗肖所观察到的那样，想象世界"毁灭了'行动'"。如果你在一场真实的战斗中遇到敌军，你可能会受伤或者被杀死，但是在脑海里战斗就不用冒这样的风险。我可以准确无误地射杀任何人而不受惩罚，如果我中枪受伤，站起来掸掸身上的灰尘就行了。这就是我如此喜欢舞台表演的原因，它把我从狭隘的生活中解放出来，不必只成为现实中那个唯一的我。行为是有界限的，表演的国度却是无限的。

从中学到大学一年级，我一直在试镜、排练和演出，终于

　　　什么都想做，什么都不想做

在《浮士德博士》里梦想成真，坐上了主角的位置。在一片没有布景、没有道具的地板上，我将浮士德召唤恶魔的无形法术表演给周围的几十位观众看。

如果对当时的我而言，扮演浮士德这个角色尚不算讽刺，现在看来这其中的讽刺意味就太明显了。浮士德在剧中放弃了世俗生活中卑微的满足（也就是即便努力工作也未必能如愿以偿），他追求的是炼金术带来的无穷快乐：只需说出心中所想，就能实现愿望。浮士德就是我的自画像，镜子般映照出了我的幻想：不费吹灰之力就可以拥有一切我想要的东西。

潜伏在浮士德这个偏执的学者心里、孜孜不倦地征服一个又一个知识领域的，是一个自命不凡、被宠坏了的孩子，他幻想着一个能够轻轻松松及时行乐的宇宙，所有东西欲望实现的东西都能被一笔勾销。

我对这种幻想产生了共鸣，也开始惴惴不安地去相信内心深处那个自命不凡、被宠坏了的孩子，这为我的表演注入了活力，但结果可能是兴奋得过了头。我隐约记得，我对着烟雾幻化出的海伦 * 发表的激情演说，而发现她变成了留着胡子的梅菲斯特时，我又是多么惊慌失措。但我记得更清楚的是灯光熄灭后随之而来的寂静，我终于从浮士德身上醒过神来，听到自己

---

* 海伦：希腊神话中的人物，引发了特洛伊战争。在《浮士德》的故事里，魔鬼梅菲斯特施展法术，烟雾缭绕中出现了海伦的幻影，使得浮士德一见倾心。——编者注

在脑海里喃喃自语："我不想再演戏了。"

这句独白是那样响彻心扉，既让我震惊又让我宽慰。我信守内心的承诺，除了假装扮演我自己外，再也没有上过台。这是我一生中少有的"用确凿的行动战胜了思想"的例子，尽管做出来的是一种否定。即使是现在，我也不确定自己是否理解这份坚定不移的决心。也许，这就像浮士德突然意识到了海伦只是一个幻影，我偷偷瞥了一眼自信满满的雄心背后，发觉那份华丽薄如蛛丝，没有任何东西支撑。

我恍然大悟，我并不想成为一名演员，我只想在舞台上表演并得到观众的赞许。这两者显然是截然不同的事情。我意识到，要从那些交了钱的陌生观众那里骗得掌声，就意味着要学会踢踏舞、武术、哑剧、朗诵——还有遭到拒绝，或许还包括突然意识到自己演得并没有那么出色。

多年后回头再看，事情似乎有些讽刺。我原以为自己会在表演中找到浮士德想要凭借炼金术获取的东西：绕过困难挫折直通幸福的秘籍。然而当歌队环绕着我所扮演的浮士德的尸体，告诉观众我已"堕落到地狱"的时候，我顿时像浮士德那样，有了一份令人惊恐的领悟，不过与其说它来自悲剧，不如说来自闹剧：实现梦想没有捷径可言。

我长舒了一口气，鞠了一躬下台。

———————————

在电影《霹雳钻》的拍摄现场，达斯汀·霍夫曼（Dustin

Hoffman）告诉劳伦斯·奥利弗（Laurence Oliver），自己曾一连 72 个小时不睡觉，以求达到角色精疲力竭的状态。据说，奥利弗问他：为什么不"试着演出来呢"[1]？

演戏可能会让演员从现实活动的严酷要求中抽离出来，但戏剧表演并不比现实中的其他活动轻松。日本能剧或默片里的肢体和形式规范，更是对演技派演员模仿日常生活中的行为和情绪提出了极高的要求。

我在《浮士德博士》中四仰八叉地平躺在地板上"死去"之际，一定是意识到了这种现实要求，身心才会如我所扮演的那具尸体一般变成死灰。我花了将近三个小时背诵伊丽莎白时代的台词，时而狂喜忘形，时而痛苦焦虑，时而嬉笑吵闹，时而癫狂不已。所有的活动皆围绕着我而展开，对于一个不爱动弹的人来说，这种时刻非比寻常。

或许并非巧合，大约就在那段时间，我们在研讨课上讨论了奥斯卡·王尔德 1891 年以对话体写就的论文《作为艺术家的批评家》。课上，同学们很快就对文章的中心论点"行动在本质上是庸俗的"或多或少流露出了反感。文章由两个人物——吉尔伯特和欧内斯特的对话组成。"不要谈论行动，"评论家吉尔伯特带着一种贵族式的不屑，对欧内斯特说，"行动很盲目……本质上就是不完整的，因为它会受到意外状况的限制，也没有明确的方向，总是随着目标变来变去。它从根本上来说就是想象力的欠缺。"[2] 导师把这段话读给我们听，每读到一条罪名，便并不赞同地点点头。王尔德是"精英主义者"，"傲慢自大"，而且毫不讲理——"我是说，如果人们果真停止采取行动，世界会变成什么样子？"

我平常并不害怕争论，但面对如此之多理直气壮的敌意，我不敢公然站在王尔德那边。我想告诉同学们，他们那种毫无幽默感、缺乏想象力的回应，反而比我更能证实王尔德的观点，但我没有勇气说出口，只能保持沉默。

爱好文艺的人经常被误认为"爱做白日梦的逃兵"，在德文里被称为"Luftmenschen"，即"空中的人"。王尔德却公开颠覆了这种公认观念，他认为，那些所谓"实际"的人反而比艺术家更配得上这个绰号。狂热的行动其实只是在巧妙地掩盖自身的空虚。在王尔德漂亮的行文里，他告诉我们，行动，"就是那些无事可做之人的避难所"[3]。

很多时候，我们做事，只是因为我们不能忍受无事可做。王尔德恰如其分地道出了这种强迫症的困境。而当王尔德发表这篇论文时，弗洛伊德也做出了推测：强迫症患者对行动的盲目执着，说不定是为了逃避独自思索时带来的恐慌[4]。王尔德说："无所事事是世界上最困难的事。"[5]因为这会剥夺我们用忙碌和追寻目标做借口轻易脱身的权利。如果我们对此有所怀疑，只需环顾一下身边的咖啡馆、地铁车厢或家里的餐桌，观察一下我们是如何本能地逃避着眼神和肢体接触，而专注于电子邮件、推送信息和消消乐游戏散发的焦躁诱惑。

我觉得，演戏好像让我从王尔德鄙视的这种盲目行动中解脱了出来。我一登上舞台，就可以逃避现实生活的肮脏尘俗，栖身于想象的苍穹之中。

这似乎就是王尔德本人对演员能力和魅力的理解。当道林·格雷爱上了女演员西比尔·云妮*时，他爱上的不是隐藏于面具后面的那个有血有肉的女人，而是她能够幻化为另一个人的神奇魔力。他对她说："我爱你，因为……你实现了伟大诗人们的梦想，赋予了艺术的幻影外在和内涵。"[6]但是当她意识到自己爱道林胜过爱戏剧时，她幻化为另一个人的天赋就荡然无存了，变成了道林眼里的平庸之辈："除去艺术的外衣，你什么都不是。"[7]换句话说，他不希望爱人成为她自己。

道林不愧是王尔德亲手创造的人物，冷酷无情地将艺术虚无缥缈的幻影看得比活人的沉重现实更重要。王尔德和道林都认为，艺术只有在不被现实中的人和事玷污的情况下，才能获得某种意义和永恒。

演戏一直是我逃避现实的方式，只要在演戏，我就不会深陷于现实世界的险境与束缚之中。我很乐意扮演工程师或医生，而不必在现实世界中肩负建造桥梁或治愈癌症的重任。与这些严肃的活动相比，演戏很明显什么都没有做。

我放弃了演戏，但并没有去追求更贴近现实的东西，而是开启了研究美国文学的学术生涯。当然，学术研究和其他工作一样，都需要资格认证、面试、开会和处理行政琐事，这些活

---

* 道林·格雷和西比尔·云妮都是王尔德的小说《道林·格雷的画像》中的人物。——编者注

动很不幸都与现实工作以及随之而来的种种压力大同小异。当今的学术圈看重数据指标、排名、引用次数，学生像客户一样上网评价教师苛刻的给分标准，还要考量研究成果的量化以及更广泛的社会"影响"。在这种急功近利的氛围中，那种安坐书房，手捧皮面精装的弥尔顿著作，思考着如何改良中世纪铅字排版技术的老学究，除了报纸杂志上固化的想象外，几乎不复存在了。

20世纪90年代中期，我已经察觉到了学术道路前景渺茫，但是，我施展了自己"视而不见"的天赋，无视我不愿看到的东西，认为只有整天埋首纸堆才能熬出头。何况，很少有什么事情比读书更能让人从行动和目标的世界中抽离出来了。

读小说、看戏，甚至读诗都是从现实束缚中抽身的好办法。在零星的闲暇时间里，阅读作为一种休闲活动，能缓解治愈工作的劳累。阅读能让我们背对这个世界，但是，如果一生中的大部分时间都沉迷在那些虚无缥缈的故事、人物和想法里，却又是另外一回事了，这表示你宁愿投入非现实，拒绝回应世界要你参与现实、为发展和进步做出贡献的呼声。

许多人会反驳说，情况并不总是如此，在某种程度上，我认为他们的想法也不无道理。艺术可以瓦解我们日常生活的僵化表达，开辟新的未来，开拓个人和政治可能性的全新局面，这样的例子我见得太多了。然而，我们之所以创造出虚幻世界，难道不正是因为这个真实存在的世界总是让人痛苦失望吗？

我并不是唯一对此提出质疑的人，"为了无限的想象世界，而放弃真实世界"的想法由来已久。法国贵族军官萨维尔·德·梅斯特（Xavier de Maistre）就是这样。1790年，他因为与皮埃蒙特的一名军官决斗，被判圈禁在都灵家中42天。他写了一本记录自己禁闭生活的日记《在自己房间里旅行》，以此消磨孤独的时光。借由文字，他邀请我们和他一起穿梭在卧室的墙壁和地板之间，沿途还会遇到家里的各种日常摆设。

日记开篇，梅斯特就翘首以待一场通往内在自我的旅行。这是一趟完全属于平民大众的旅行，途中无须任何花费或不必要的付出。"所有不幸、患病和无聊的人都跟我走吧——"德·梅斯特下令，"世界上所有懒鬼都动起来吧——还有你……在房间里正考虑要放弃这个世界才能过得舒坦的你也一起来吧……"[8]

但是要起来去哪里、做什么呢？如果懒鬼真能动起来，他们会变成积极、有目标的人，不再懒惰吗？答案是否定的。他们并不会从床上起身，而是会待在床上，让自己的想象力穿越无限的空间，而不用挪动身体一分一毫，也无须采取任何行动。德·梅斯特所谓懒人"放弃这个世界"，绝不意味着他们放弃了人生；相反，他们只有懒洋洋地待在床上才能"过得舒坦"，把想象力从日常世俗生活的枷锁中释放出来。

德·梅斯特软禁生活的吊诡之处在于，这其实是一次真正的解放，将他释放到了一个比外面的城市更广阔、更迷人的地方。"今天，"他在获释那天写道，"那些决定我命运的人，他们会把自由还给我——就好像他们曾经夺走了我的自由！……他们或许可以禁止我在城市里漫步，但他们反而让我拥有了整个宇宙：无限的空间和永恒的时间尽在我的掌控之中。"[9]

我发现在阅读德·梅斯特作品的时候，我总会抑制不住地回想起童年时代的自己。我身边的大人们总会用一种又好气又好笑的语气告诉我别再做白日梦了，回到尘世继续生活吧。当时，我的顺从听话掩盖了你可以在德·梅斯特身上看到的那种傲慢。我在心里反驳他们：我可能不擅长运动，在课堂上也往往慢半拍，但这些值得我在乎吗？当其他孩子被束缚在黑板前、作业本边、足球场中，成为教室里的奴隶时，我却可以听从自己内心的召唤在宇宙中自由遨游，同时不必离开椅子半步。

德·梅斯特的卧室旅行将无所事事和富于想象的生活联结在了一起，但在这个过程中，现实和必然在我们文化中长期以来的重要地位就不免会受到质疑。将近 300 年前，荷兰天主教神学家，也是当时新兴人文主义思潮中的领袖之一德西德里乌斯·伊拉斯谟（Desiderius Erasmus）出版了《愚人颂》。在这部作品中，被拟人化了的"愚笨"——一个穿着小丑戏服的女人，发表了一场冗长而充满讽刺意味的演说。

愚夫人用尽了花言巧语说服听众，让他们相信愚蠢的人生才是更加优越的。她娓娓道来自己的出身：她是财富之神普鲁托斯和最美丽的青春女神尼欧特斯的后代。她出生在幸福岛，一个"没有工作，不会变老，远离疾病"[10]的奢华安逸之地。她由醉酒仙女梅特和愚蠢仙女阿帕迪娅哺育，由其他仙女轮流照料成人，其中包括遗忘仙女勒忒、懒惰仙女米索波尼亚、快乐仙女赫多涅、奢华仙女特雷弗以及酣睡仙女内格雷顿希潘。

换句话说，愚夫人就是由"遗忘"的各种拟人化身，在纯粹懒惰的氛围中培育出来的生物。在这片土地上生长出来的，是最闲适生活的典范，是一种避开了严肃和真理，只顾胡闹和幻想的生活。愚夫人要我们摒弃真理的严肃，而去追求心目中渴盼的想象和自我欺骗。她向我们保证，这样生活下去，即使年纪大了也不会陷入那种折磨着年轻智者的倦怠。

难道浑浑噩噩、声色犬马的生活不如清醒睿智的人生幸福吗？那些注视着奇丑无比的配偶，就好像对方是爱神维纳斯或美少年阿多尼斯的蠢货，比起那些伴侣貌美如花的人，真的更加不幸吗？清晰准确地观察、判断和思考总是要遵守异常严苛的标准，通常令人心灰意冷。幻觉是我们对抗疲劳倦怠唯一有效的解药，是帮助我们摆脱智慧重负的反重力。

17世纪即将到来之际，我们见证了愚夫人最杰出门徒的诞生，他扮成了一位西班牙乡绅——自称"愁容骑士"的堂吉诃德。随着《堂吉诃德》的问世，米格尔·德·塞万提斯（Miguel de Cervantes）发明了"小说"这种专供懒惰蠢货打发时间的良伴（塞万提斯在这部小说的开篇就写道，"无聊的读者"）。对这些懒人来说，想象世界的不着边际总是比现实世界中的严格法则更让人喜欢[11]。

如果《堂吉诃德》只是让我们站在明智和理性的制高点嘲笑主角的癫狂，那么它早就被遗忘于书海了。事实上，它在堂吉诃德的妄想（把风车看成怪物，拿脸盆当骑士头盔，把皮酒囊视为巨人的头颅）和我们的妄想之间画出了再细微不过的界线。堂吉诃德在旅行中遇到的那些理智的绅士、卑鄙的无赖和忧伤的少女也都和他一样，被困在各自的想象世界中，差别仅仅在于他们能够将自己的幻想与现实协调一致，而堂吉诃德的幻想却与现实发生了旷日持久的冲突。

年轻的贵族堂·费尔南多转瞬之间就从背信弃义的损友变成了温文尔雅、彬彬有礼的君子，这真的比堂吉诃德从农民转变成游侠骑士更加可信吗？费尔南多事实上仍然是卑鄙可耻的，就像堂吉诃德其实仍然只是个农民一样；但是，费尔南多的同伴会相信他已脱胎换骨，却没有人会相信风车真的是怪物，或者被堂吉诃德放走的囚犯实际上是暴政的受害者。我们不是堂吉诃德，只因为我们还没有疯狂到要求别人把我们的幻觉当成事实；相反，我们就像费尔南多和他的同伴一样，一边安静地做着白日梦，一边安慰自己和他人：我们没有任何虚妄的幻想。

塞万提斯提醒我们其实和堂吉诃德相差无几，也很容易沉湎于自我的幻想之中。我们都是"无聊的读者"，是为故事着迷的消费者，喜欢想象力提供的捷径，而不是现实铺就的艰难道路。每次看到堆积在水槽里的碗碟，或者楼梯下储藏室里倒塌的架子，我就总会想起自己还有哪本大部头小说没有啃完。

也许这听起来太像老生常谈：故事是逃避现实中痛苦、艰辛或无聊的避难所。虽然这种说法并不算错，但也未免过于简单化了。德·梅斯特、伊拉斯谟、塞万提斯、马洛和王尔德让我们看到的是，这个世界并不能简化为只剩下"积极而有目的地生活"这一个狭窄的范畴。用毕加索的话来说,"你能想象到的一切都是真实的"[12]。我们讲述和聆听的故事让这个世界变得更有层次、复杂和多元。

懒虫抗拒外界重压的方式,就是屈从于重力的向下拉拽;白日梦想家则否定重力,飘浮在日常现实之上。做白日梦就是拒绝把人生和现实庸常的生活画上等号。

然而,想象力并不是白日梦想家的专利。工程、医学或计算,以及任何其他旨在干预和改造外部世界的活动,都是想象力的成果,就像写作、绘画或表演一样。但是,白日梦想家与实干家的不同之处在于,他不想把自己的想象力化为对世界的贡献。

————————————

现实需要想象力才能成长和转变,但是这种依赖并不能避免现实与想象力相互冲突。白日梦想家对现实诉求顽强抵抗,拒绝服从社会和经济效益的要求,让他们成了众人蔑视和恼怒的对象。柏拉图有句名言:任何一个追求正直生活的国家里都不应有艺术家的存在,造床的木匠比画床的艺术家更接近真理。在柏拉图看来,荷马和悲剧作家的迷人魅力反而更加彰显了热爱艺术对道德和人性具有多么大的毁灭性。

苏格拉底说,艺术和艺术家之所以危险,就在于他们会引诱我们走向虚假,迷恋世界投下的幽影,而不顾真实的世界。这一论调有一个更现代、更没那么形而上学的版本:当现实生活充满了饥饿、折磨、压迫、疾病、忽视，以及普通民众的疾苦时，将时间和心思投在虚构的人物、故事和影像之中，事实上就和懒惰懈怠一样邪恶。

如今，似乎只有狂热的宗教分子和气急败坏的"纳税人"才会公开表达对艺术和艺术家的敌意。在我们自由的文化中，将艺术视为懒散、腐化人心之物，只会激起他人的轻蔑嘲笑，我也会迫不及待地对这种观点表现出蔑视。

然而，我也意识到自己的立场之中存有某种戒备感——当我全神贯注地读小说或看画时，突然想到此时此刻有哪个同胞正在挨饿、遭受折磨或者惨遭杀害，这种立场就会压制住那令我浑身颤抖的羞耻感。也许，追求艺术中的高尚乐趣与深度为我提供了一面挡箭牌，让我在面对急需关照的残酷现实时，不会因为过度沉迷虚幻世界而陷入尴尬。

在现代思想家中，法国哲学家伊曼努尔·列维纳斯与众不同，他严肃思考过"反对艺术"的问题。他在 1948 年的一篇文章《现实及其幽影》中指出，艺术不是真实的行动，而是恰恰相反。行动时，"我们会与一个真实的对象保持着实在的关系"[13]，但艺术不是由真实对象构成的，而是那些对象虚幻的投影，从而"抵消了这种实在的关系"。列维纳斯认为，在这个"影子世界"，以及我们对它的迷恋里，存在着某种"非人性的怪诞"。相信影子世界比现实世界更加优越的王尔德也洞察到了这份非人性的怪诞。道林·格雷对美的追求，也是对道德、爱和人性团结的一种弃绝。

我可以保证自己不是道林·格雷。我逃进白日梦、故事和表演之中，不是因为（至少一开始不是）我自觉比现实世界更优越，而是因为我觉得自己无法融入现实。但我最终意识到，我的逃避之中蕴含着更加暧昧不明的动机，那就是我可以在想象的世界中享受报复现实并击垮每一个人的隐秘乐趣。我转向想象世界，一方面是因为在那里我可以比其他人更好，而不是更糟。

弗洛伊德认为，作家就是如此诞生的。他在 1908 年的《创意作家和白日梦》中开门见山地说，作家为了逃避现实的沉重诉求，沉浸在白日梦和幻想带来的轻松气氛中，将自己编造为故事里的人物，为那些偷得浮生半日闲的人提供愉悦的消遣。这份对幻想的执着即是艺术家和科学家的区别，弗洛伊德就认为自己属于科学家这种超级现实主义者。

毫无疑问，这种将文学视为"无害的退缩"，认为它是"童年游戏的延续和替代"[14] 的观念有种居高临下的讨厌姿态，促使我想要为艺术的严肃性辩护。

然而，这股辩护的冲动也许会让人们忽视弗洛伊德的一个重要观点：无论艺术有多么严肃，它都没有科学的那种严肃。再怎样玄之又玄的科学理论，最终也会涉及现实世界，而在艺术领域，即使是小便池或凌乱不堪的床这样具体的东西，也只属于想象世界。

翠西·艾敏床上那堆用过的纸巾或许和你口袋里皱巴巴的手纸看起来并无二致，事实上却截然不同。诚然，它们都沾上了污浊的体液，但是艾敏的纸巾是毫无重量的"影子"。这就是它价格不菲的原因。收藏家不是想要花费数百万美元去购买一团恶心的垃圾，而是想要获得那种将纸巾变成想象作品（我们称之为艺术品）的微妙元素。

《我的床》体现了重力的压抑力量。在那堆积如山的杂物中，我们瞥见了一个灵魂在往下沉沦，陷入纯粹物质的混沌之中。然而这件艺术作品在呈现这种情感和身体的混乱时，也奇妙地散发出了一种曼妙快感。弄脏的床单和用过的纸巾就像神圣遗物一样，获得了一种神秘缥缈的抽象意味，使它们不仅仅是低等的现实事物。

正因为艺术具有这种剥离日常现实的能力，弗洛伊德才得出了这样的结论：尽管艺术是迷人的，它却不可能像科学那样严肃。他很欣赏甚至尊崇艺术，所以不相信艺术有能力介入并改变我们周围的世界。

我再次想起了马丁·克里德投射在各种公共建筑标牌和墙面上的那个绝妙公式，"全世界 + 作品 = 全世界"。我们对艺术作品崇敬，就在于它们没有工具价值，它们无从行动。这个公式暗示着，正是由于艺术作品虚无缥缈，它们才不会在世界上增添一丝一毫的东西——当然也不会减去一丝一毫的东西。想象世界就像是我们在现实世界中呼吸的空气一样。

进入学术界 7 年之后，我的人生有了惊人的转折；我决定转行去当精神分析师。如果弗洛伊德对精神分析师这个行业的构想是正确的，那么我就是彻底放弃了白日梦，转而去追求科学真理。倾听他人的内心世界肯定是一份比阅读、分析小说和诗歌更贴近现实的工作吧？患者是活生生的、有血有肉的存在，会经历成长蜕变以及衰老和疾病，而艺术作品似乎是永远悬停在同一状态之中的虚幻事物。这就让人想起列维纳斯说的，"蒙娜丽莎即将绽放出的微笑永远不会真正显露"。

弗洛伊德坚称，作为一门科学的精神分析，属于"现实原则"的范畴。精神分析也像其他任何一门科学一样，需要耐心等待，同时并没有确凿的结果。科学研究之所以辛苦，是因为它在没有捷径可走的现实中运作。

但是精神分析这一行在当时对我颇具吸引力，现在也仍然如此，因为它挑战了"行动"的专制霸权。前来治疗的患者陷入人生困境时，很多人会沮丧慨叹："是啊，好吧，但我该怎么办呢？"当分析师对此不予回答，而是选择陪患者坐在那里的时候，他很可能只是单纯地坐着，一动不动地盯着病人在不确定中左右为难。

对一些人来说，包括对我自己而言，成为一名分析师并不太像投身科学精神，而更像是我在追求"尽可能什么都不做"的终极目标。毕竟，一次长达 50 分钟的诊疗谈话，没有结论，没有需要事先准备的话题，也几乎不会受到外界的干扰。病人通常躺着，有时随意说着话，有时陷入沉默的遐想。如果谈话有一个目标，那就是对所有的目标提出质疑，引导病人思考为什么一定要"怎么办"。

王尔德认为，行动是"有限且相对的"。行动只关心此时此地，扼杀了我们的想象力。相较之下，"一个安坐静观的人，他的视野是无限和绝对的"[15]。精神分析是要将自我从行动的压力中解放出来，最大限度地扩展了我们可以思考和感受的范畴。精神分析谈话，或称"自由联想"，有一个被人忽视但甚为重要的特质：鼓励言说者跟随自己的思想轨迹，不会为话题的走向提供任何暗示。

当然，这意味着我也要跟随患者的心路历程，就像一个四处寻觅的人跟在另一个四处寻觅的人身后。电影和电视节目经常将精神分析师描绘成敏锐的追踪者，如饥似渴地从病人的资料中寻找线索；临床医师在现实生活中并没有那么多戏剧化的表现，反倒是经常被搞得一头雾水。他们就像王尔德理想中的艺术家一样"安坐静观"，从而拥有了艺术家一样"无限和绝对"的视野。精神分析师不会建议患者做些什么，而是试图扩展和增强他想象的可能性。

然而，在没有具体建议的情况下展开诊疗并非总是轻而易举的，就像在没有地图、指南针或定位系统的情况下，人们会迷失在沙漠或森林腹地。精神分析师和患者通力合作可谓举步维艰，因为精神分析拒绝仓促做出行动的决定。

从某个角度来看，精神分析几乎算不上是什么工作，陌生人和朋友都会责备我什么也不做，只是坐在那里，用一种故作理解的语气嘟囔着陈词滥调。另一些人则会感叹精神分析师的工作之辛苦：我们在患者的病情上费尽心思，将每个病例的人生图景记在心里，将每个病例漫长而复杂的过去和现在关联起来。

这两种态度都不算错：精神分析师看似什么也没做，但这份工作确实是一件苦差。在接受培训的初期，我曾在一家医院的精神科做无薪酬的治疗师，一位饱受抑郁折磨的病人向我索要一个拥抱。见我没有反应，他愤怒地尖叫着，瞪大眼睛盯着我："你为什么不能给我一个该死的拥抱呢？你这他妈的冷酷无情的'专家'！不好意思，我刚刚是说了'专家'吗?! 我是说两眼冰冷的死鬼！"这真是再好不过的一课，让我明白无所事事才是世上最难的事。我天性随和、友善，给他一个拥抱是再简单不过的事了，真正难的反而是原地不动，承受打击，静观其变。一个拥抱可以迅速平息他的悲伤和愤怒，相比之下，原地不动则是为了让他去体会这些情绪，去体会他从小情感失依，备受冷落，花了大半生试图遗忘和否认的种种情绪。

弗洛伊德在 1912 年的论文《给精神分析师的建议》中，将精神分析师的倾听描述为一种持续的不作为，称之为"均匀悬浮的注意力"。这是一种无目的的警觉状态，一种不受偏见和期望约束的好奇与开放心态。

要想获得真正的开放心态，精神分析师需要放弃他惯常有目的的倾听模式（也就是别再想着从患者那里听到什么），让自己接受随之而来的一切。一旦他试图在病人的言语中引导出一条路径，他就会"开始从面前的材料中做出选择"，而这"恰恰是绝对不能做的事情"[16]。有选择地倾听意味着失去惊讶的可能：

"如果分析师按照自己的期望行事，就会面临一种风险：除了已知的事情之外，再无新的发现。"

在这种对待已知事物的小心警惕中，我们可以发现一种对更广泛意义上的创造力的培养。想要抑制创造力，没有什么比过分努力更有效。我们认真努力的观察、倾听和思考模式几乎不可能把我们带到未知之地。耳朵、眼睛和其他接收信息的器官失去了感受惊奇的能力，就会变得笨拙迟钝：画家变成了照片的平庸复制者，编剧笔下的人物满口都是陈词滥调。

这种困境并不仅仅局限于艺术创作。忙碌的全科医生潦草地写着处方，几乎没工夫抬起头，看看对面座位上病人的表情，听听病人的语气，除了喉咙沙哑外，根本发觉不出病人的其他症状；被熊孩子闹得心烦意乱的小学老师只是集中精力降低教室里的噪声，却忽略了孩子们糟糕的情绪或迸发的灵感。

对精神分析师来说，这种与"他人无意识"的协调是十分必要的。弗洛伊德说，精神分析师必须"像接受信息的器官一样"[17]打开自己的无意识，与病人的无意识进行沟通。对于创意生活（比如工作、运动、家庭生活、友谊和性爱，包括任何我们与自己或他人建立关系的领域）而言，这同样也是一种隐性诉求。

加班、过度刺激、持续不断的社交、焦虑、失眠，我们日常生活的社会和物质条件都与那种创意生活所需的乐于接受、被动耐心背道而驰。身心的忙碌加深着人们惯性般的一成不变，未知和意外也就无法闯入其中。"存在"就是治疗这种永不停歇惯性行事的解药，是一种抵御重力把我们往下拉扯的方法。

———————————

在第一次短暂的诊疗中，格蕾丝挺直腰板坐在椅子边缘，好像时刻准备迅速撤离。然而，她笔直的坐姿与低垂的眼神形成了鲜明的对比，那种眼神就好像她正在慢慢地陷入流沙之中。

我发现她抑郁迟钝的表面下翻腾着气泡。当她谈到童年时涌现的音乐天赋时，眼角和唇边浮现出一丝微笑，那是她头上巨大乌云周围的一圈金边。24 岁时，她就将日常基本生活之外的一切——艺术、性爱、友谊和思想无情地抛弃了。

事情是怎么发展到这个地步的？她始终背负着童年的创伤。战争摧毁了她的故乡，令她备受打击的是妹妹在一次轰炸袭击中身亡。在学校，她似乎找到了穿过悲伤迷雾的办法，可以巧妙抗拒家里永无止境的悲伤和学校里的重重敌意——她调动起自己的模仿天赋，对着卧室镜子疯狂编排舞蹈，但是在那份似乎永远都无法驱散的焦虑重压下，崩溃的风险从未衰减。

音乐——唱歌、打鼓，到最后自己作曲，始终是她的救生索，能让她立刻回忆起 6 岁那年和家人一起逃离残酷战争的经历，并将此置之度外。她由此进入了音乐学院，一头扎进了激情满满的熔炉里，在友情与创作伙伴敌对的复杂关系中备受折磨。她创作出了一些短则几秒、长则数小时的作品，将持续不断的高音、古典音乐选段、暂停留白、编曲采样拼凑在一起，汇成一段她侥幸逃脱恐怖绝境的无字狂暴证词。

她在最后一学年的组团表演中名列前茅，离开大学的前夕，她迫不及待地想要投入编曲与演奏工作中。与此同时，她夜复一夜地辗转反侧，不时从极度残酷的噩梦中惊醒，梦中最常见的场景是死去的妹妹血肉模糊地向她逼近，脸上满是控诉的表情。

毕业后的几个月，她指挥了《天空》，这首她融合了铜管乐、弦乐和人声创作的曲子清晰勾勒出了她想要跳脱出浸透着鲜血和恐惧的童年生活的梦想。一位吹毛求疵、酷爱当代作品的音乐人看中了这首曲子，忙不迭要和她签约。

那晚之后，又过了 4 年，她才第一次找我咨询。在此期间，她没再碰过乐器，没再写出过一个音符。观众的掌声非但没有鼓励到她，反而让她备感难以承受的压力，好长一阵子几乎不愿动弹，也不想和任何人说话。

现在回想起这件事，我不禁想到了伊卡洛斯，他堪称浪漫主义艺术家的象征，不顾父亲的迫切警告，高傲地朝太阳飞去。巴塔耶写过这个神话故事是如何将太阳一分为二的——"一个是在伊卡洛斯向上飞升时闪亮耀眼的太阳，另一个则是在伊卡洛斯飞得太近时烤化了粘住他双翼的蜡、使他尖叫着坠落的太阳"[18]。

格蕾丝飞向了照亮美与精神灵性的太阳，却被世俗的太阳灼伤，坠入无底的大海。与伊卡洛斯不同，她设法浮出水面求生，回到她平静却了无生趣的生活中去——那是她唯一可以承受的生活。她将长期以来束缚着她的野心、情欲和创作灵感一一松绑。

她在酒吧工作，兼职私人家教，闲暇时看看报纸。

她再也听不得任何音乐了，不管是自己的还是别人的。她可以沉浸在一种愉快的幻想中，想象自己被某个亲密伴侣温暖惬意地搂在怀里，但一想到真正的性爱场景，她就会陷入巨大的恐慌。内心的每一点情欲波动，都会迎来一次无情的反扑。

沉浸在想象之中的生活开始变得危险，时刻会引发情感创伤。这很快就使她喘不过气来，呆若木鸡，无所适从，不时流泪，甚至把她推向了疯狂的边缘。她只想安然入睡、心如止水，过一种平静的生活，就算毫无波澜也比现在好得多。如果真的能清除所有思绪，那就更好了。然而情况却并不如意，除了梦境不断，焦虑和渴望也在思绪中挥之不去。这就是她来找我的原因：一种生不如死的感觉纠缠着她。不知何故，她已陷入了进退两难的境地：一边是过度兴奋、使人精疲力竭的想象生活，另一边则是平庸冷淡而毫无生气的现实。

精神分析学家温尼科特曾提到过一位患者，她从小就把所有的创意和情感都投入做白日梦中，以至于"什么都不做的时光，构成了她的存在本身"。

温尼科特写道，这位病人曾试图用"毫无意义的活动"填满自己的日常生活，比如"机械地抽烟，玩无聊却让人上瘾的游戏"。所有这一切只是为了"填补空白，看似忙个不停其实却什么也没做，已成了她生活的常态"[19]。我读到这段话的时候，立刻感到了一种与这位女患者的微妙共鸣，也许正是因为这份共鸣，我很快就能对格蕾丝的惯性退缩感同身受。"忙个不停其实却什么也没做"精准地道出了白日梦想家特有的"瞎忙"状态。只有将脑海中的所思所想投射到外部世界的某种媒介上——比如白纸、画布、实验室或运动场,白日梦才能成为创意的丰富源泉。

温尼科特说,那位患者在诊疗过程中被吓了一跳,因为她发现自己竟然能这么轻易地"终日躺在精神病院的病床上,不能自理,没有活力,一动不动"[20],同时,却仍是在自己封闭内心世界里创造"美好事物"的全能上帝。她的困境在于,她不愿意搭建沟通自己头脑和外部世界的桥梁,当然是因为这样做会不可避免地带来一些失望。创造活动往往是痛苦的,因为你所创造的东西几乎总是比不上你想象自己创造的"美好事物"。

但是放弃创作,不再写作、绘画、建造或演奏,并不能弥补这种失望。正如温尼科特指出的,在这种情况下,白日梦的光辉,就在于它与现实的贫乏形成了鲜明的反差。这肯定就是格蕾丝遇到的情况。在她平静的内心里,总是一刻不停地创作和演奏着音乐,但一想到要把这些灵感写在五线谱上,演奏出来与别人分享,任凭同行嫉妒、批评、钦佩和较量的时候,她就不知道该怎么忍受这些随之而来的焦虑了。白日梦属于一个充满了认同与满足感的奇妙世界,促使她千方百计想要远离单调平淡、满腔怨气的现实世界。

近10年来,我和格蕾丝每天都一起努力,试着让这两个世界重新建立联系,以便让她的想象生活在现实生活中得以存在,可以尽其所用。这意味着首先要松开严密保护着她梦境与幻想的重重屏障，这些梦境与幻想之中常常充斥着冷酷的性操纵和暴力场景，随着疗程深入，我越来越频繁地出现在她的幻梦中，有时是受害者，有时是施虐者。

随着精神分析疗程的推进，一些更为可怕的场景开始在格蕾丝幻梦的诡异表象下显露——她被彻彻底底地抛弃了，犹如无尽虚空中一个孤单的点。纵欲狂欢的幻想是为了掩盖一种更为恐怖的虚无，而她的身体和灵魂在那片虚无里不会被人注意，亦难以碰触。

精神分析给了她一个出口，得以容纳她在过度负荷和空虚间摇摆不定的恐惧，让这些负面情绪宣泄出来，被人倾听。对她来说，这是一种前所未有的体验。父亲嘲笑她的脆弱，而母亲也因为自身的创伤无法耐心倾听、抚慰女儿的恐惧。小女儿的去世让父母悲痛欲绝，以至于忽略了格蕾丝失去妹妹的伤痛，更不用说抚慰她因此受到的伤害了。如今，在这间咨询室里，修复创伤的过程终于开始了。

她无意识生活之中的疯狂混乱虽然并没有消失，但是它们找到了言语、形状和声音，使她的梦境和幻想在现实中成为可感可用的创意资源，而不是被当作邪恶的内在力量切除斩断。无意识永远不可能成为可靠的盟友，但至少它不再是敌人了。在我的陪伴下，她从饱受内心世界折磨的无助受害者，变成了与内心世界好奇对话的人。

这绝非易事。一再面对内心最恐惧最憎恶的东西，令她深感痛苦和愤怒，而我常常会充当她的出气筒。在她小的时候，父亲会逼迫她马上回答一些刁钻困难的问题，让她恐惧不已。到了青春期，母亲会严厉批评她的消极和懒散，要求她做出点有意义的事来。格蕾丝花了很长时间才确信，我不会像她父母那样思考或说话。

她渐渐认识到，精神分析为她提供了一个日常对话者，而这个人既不需要她给出答案，也不需要她做出行动。她会从工作八卦的细枝末节，聊到爱吃的零食、合租房里室友的龃龉。她内心的不安依然蠢蠢欲动，但已不会再铺天盖地席卷而来，遏制她探索自己。

随着我们进入她无意识生活的其他层面，她在咨询室外的生活也有了改观。一次谈话结束后，她坐公交车回家，在寄燃气账单的信封背面潦草地写下了音符和歌词。这些音符越积越多，和她的焦虑不安一起，转化为笔记本电脑上的加密文件。经过 5 年的疗程，她将这些内容整合到了作品集中，并成功申请到了作曲硕士学位。

在接下来的几年里，她在咨询室内外的生活都出现了不少变化与动荡，但是，这些动荡不再囿于她充满恐惧的内心之中，而是成为完满的现实生活的一部分。面对格蕾丝的无力崩溃，精神分析师不会劝诱她采取行动，而是解除了行动对她的束缚伤害，为她自由回归世界创造条件——这个世界既是她先前所处的那个世界，又是一个完全不同的世界，同时容纳了她精神上和日常中的自我，并使二者之间产生联系。

最后一次诊疗结束时，她递给我一个包裹。她走后，我深吸了一口气，打开它，里面是感谢卡和一张 CD。CD 的封面上用黑色记号笔写着：天空和大海之间。

| "我居住在可能里面"：艾米莉·狄金森[21] |

1884 年 3 月 11 日，退休的马萨诸塞州高级法院法官、政治家奥蒂斯·菲利普斯·洛德（Otis Phillips Lord）突患中风，两天后辞世，享年 71 岁。

7 年前，洛德的妻子去世后不久，他便向已故挚友、同事爱德华·狄金森（Edward Dickinson）的女儿表白。艾米莉时年 47 岁，神秘地隐居在阿默斯特市。洛德完全没有想到，在即将到来的下一个世纪，她会成为美国最伟大的诗人之一。

他们之间的往来信件是我们所知艾米莉·狄金森拒绝求爱并设想婚姻生活的唯一铁证。洛德直到去世前还在向她求婚，但她之所以回绝，并非因为不爱他。狄金森对洛德的爱在她的导师托马斯·温特沃斯·希金森（Thomas Wentworth Higginson）对她葬礼的描述中有所体现："……妹妹维妮在（棺材里）放了两枝天芥，让她'捎给洛德法官'。"[22]

狄金森与洛德的通信洋溢着坦诚与柔软的深情。在 1878 年的一封信中，她告诉他，"我受够了伪装"[23]，暗指她从前佯装回避与男性交往。"我承认我爱他——"她写道，"我很高兴我爱他——我感谢宇宙万物的创造者——把他交给我爱——狂喜的洪流把我淹没。"

但是她的热情带来了一个无法回避的问题：他们为什么没有生活在一起？她为什么接二连三地回绝了洛德的求婚与求欢？我们可以从那一年她写给洛德的一封信中找到答案。她在信中说："难道你不知道当我回绝而不答应的时候，你最快乐吗？难道你不知道'不'是我们语言之中最疯狂的字眼吗？……你要求的美味酥皮却会毁了整块面包。"[24] 两年后，她写道："奇怪的是，我从未和你做过什么，却在夜晚如此想你。"[25]

一边是热烈狂放的追求者，一边是欲说还休的淑女，这些书信不仅仅是对性和性欲陈腐老套的讽刺，更重要的是对禁欲一事突如其来的色情描述。"不"表达的是狂野的性欲，而非道德上的克制。她的床因为他从未靠近而更加燥热。始终保持距离、禁欲和饥渴使得激情的"面包"免遭同房的"酥皮"毁坏。

4 年后，也就是 1882 年，狄金森在母亲去世后，含情脉脉地接受了洛德的求婚，表示愿意嫁到塞勒姆。她胖了一些，洛德就给她起了一个俏皮的绰号"肉妞儿"。她说："肉妞儿艾米莉是最可爱的名字，但我知道一个更可爱的名字——肉妞儿艾米莉·洛德，你觉得如何？"[26] 多年来，现实生活总是阻碍着他们的结合——洛德这边是满含怨气的侄女，因为她原本才是洛德遗嘱的主要受益人；而狄金森则要长期照顾卧病在床的母亲。不过尽管答应了洛德的求婚，母亲去世后，她却也没有搬到塞勒姆。她留在了阿默斯特，继续躲避他的追求，直到一年多后他突发中风，这段关系才走到了尽头。

狄金森终其一生的书信中充满了浓浓的爱意。她用时而脆弱、时而大胆、时而羞涩的语气，描述了对朋友、导师、不知名求爱者乃至虚构情人的短暂迷恋、柔情蜜意及性爱渴求。

这些信件至少给我们留下了一丝难言的暧昧。最权威的狄金森传记作家理查德·B. 休厄尔（Richard B. Sewall）写道："艾米莉·狄金森的情史细节始终令人困惑。"[27] 1858 年至 1862 年，她以"黛西"为名给一个她称为"导师"的人写了三封信，字里行间热情洋溢，时而顽皮打趣，时而痛苦脆弱，时而楚楚可怜。学者和评论家们花了不少工夫推测这位匿名收信人的身份，却终究没有定论。事实上，并没有证据表明这些信件曾被寄出过，也无法证明信中的感情是否得到了回应，甚至无法肯定收信者是否确有其人。换句话说，我们不知道这份迷恋是不是公开的、两情相悦的，是真是假扑朔迷离，也不知道这些信件是爱情的表白还是文学创作，抑或是两者兼而有之的复杂融合。

比起云雨一番，也许狄金森更钟情于将爱意诉诸文字。然而，她的情书和诗歌并不是玩弄文辞的空洞之作。很难想象有人在看了这些作品之后，不会被它们的生动露骨、痛苦纠结以及常常弥漫其中的激烈情欲所震撼。

狄金森最为大众所知的形象就是一位隐居新英格兰的老处女，日复一日伏在小桌上埋头写作，将失意的感情付诸文字，仿佛诗歌是给那些错过真爱的女人的安慰奖。然而从她拒绝洛德求婚一事可以看出，即使有一份完美的幸福结局摆在眼前，她还是宁愿错过。也许，她执意隐居并非因为情场失意，而是要追求个人独立、文学自主以及想象力的自由。

她的拒绝让人想到法国精神分析师皮耶拉·奥拉尼耶的一个观点，也就是在精神上存在一种朝向"无欲之欲"的原始动力，一种企图消除激情的矛盾激情。这就是狄金森谜一般地坚称"'不'是我们语言之中最疯狂的字眼"时所暗示的激情。

每一位为狄金森写传记的作家都无法忽视她终其一生的日子有多么平淡无奇。辛西娅·格里芬·沃尔夫（Cynthia Griffin Wolff）说："很难找出一位与狄金森等量齐观的美国作家，创作和生活上的落差会有这么大。"[28] 林德尔·戈登（Lyndall Gordon）写道："在所有认为避世才能探寻真理的诗人里……没有人像狄金森遁世得那么彻底。"[29]

她的诗作反复强调了她的隐居状态。在 1862 年一首自画像般的小诗（486 号作品）中，透过在自己房子里和别人心中占据的狭小空间，叙述者的形象隐约可见。她是这样开篇的：

> 我在家里最轻贱——
>
> 我住的房间是最小的一个……
>
> 我从不说话——除非有人来攀谈——
>
> 也是声音低，话头短——*

---

* 本章中狄金森的诗歌译文皆引自蒲隆译《狄金森全集》，上海译文出版社，2014 年。——编者注

这首诗的结尾带有一丝狄更斯而非狄金森的味道，"我常想 /
我可以死得——默默无闻——"。然而，尽管这首诗充满了惆
怅的自怜，那份即使占据了世界上这么一个不起眼的角落也会
萌生的羞耻感，却被其宣言般的直白口吻掩盖了。叙述者对自
己的低调谦逊表现出了一种奇怪的自信。

隐匿于世、足不出户、孤独终老……狄金森越是强烈地接
受这些状态，就越是无情地切断了自己通往 19 世纪模范女性的
道路：结婚生子、与邻为善，说不定还要极力避免被视为女作
家，创作那些当时女性可以阅读和写作的通俗感伤诗歌和小说。

狄金森的人生挑战了社会普遍认同的基本假设，这些隐秘
的规则在我们心中根深蒂固，甚至不知该如何质疑。对我们来
说，走出房门、融入世界显然比坐在房间里做白日梦好，切切
实实地恋爱显然比独自想入非非好，但是，这些公理准则是否
真的那样毋庸置疑？沉醉在白日梦中，把想象世界看得比现实
生活更重要，难道就总该被视为病态吗？温尼科特提到，他曾
遇到过一位精神高度分裂的病人，为了躲避真实生活中的风险
和刺激，退缩在白日梦中。温尼科特描述她游荡在私人幻想的
世界中时，形容过她那种空虚、无力的梦境，"看似忙个不停其
实却什么也没做，已成了她生活的常态"。

狄金森拒绝了外在世界无边无际的扩张，无休止地将自己
囚禁于房内和脑中，正如她很有名的一首诗的开头，"头脑——
比天空广阔——"（632 号作品）。从小在狄金森隔壁房子里长
大的侄女玛莎写到，姑妈坐在卧室里，拿着一把隐形钥匙假装

锁门，一边对她说："玛莎，这就是自由。"以世俗的眼光看，狄金森"无所事事"，但在她自己的心里，她却"历经沧桑"，无所畏惧地走向各种可能经历的最大极限——性爱的狂喜、创伤的疼痛、疯狂以及死亡。

狄金森层出不穷的创作令人眼花缭乱，但贯穿她人生和作品的主题却从未改变——逃避外在世界，沉浸在想象的孤独王国里。弃绝尘世既是诗人的常态，也是诗歌创作的关键：弃绝尘世使她成为诗人，也是她诗歌创作的本质。

英国精神分析师格雷戈里奥·科洪（Gregorio Kohon）对同行们的一种普遍观点提出了质疑，即内在退缩[他的同行约翰·斯坦纳（John Steiner）称之为"心灵退缩"]永远是一种病态。科洪认为，只有当退缩形式"极其严苛"[30]时——也就是说，当它切断了一切创作冲动时，它才是病态的。

温尼科特认为，我们创造力的多少，在很大程度上取决于创作者能否与心灵深处那方"稳定宁静之地"[31]持续接触。很少有艺术家能像艾米莉·狄金森一样，如此有力地证明这一观点。借用萨特的一句名言，狄金森可能是一个禁不住爱做白日梦的人，但不是每个禁不住爱做白日梦的人都能成为艾米莉·狄金森，最有力的证明就是她留给世界的 1 775 首诗。读了这些诗作之后，谁还能说她"无所事事"？

退缩于卧室里独自一人，是本书中反复出现的主题：这对翠西·艾敏而言，是陷入了自己抑郁消沉的末日深渊；对年轻的蛰居族来说，是对工作、社会及社会成就所带来的压力的一种排斥；对萨维尔·德·梅斯特来说，是被迫在受限的空间中发现出乎意料的无穷快乐。退缩意味着拒绝在投身于某项事业或某个组织（国家、事业、婚姻）时强加于我们身上的限制和束缚。我们住在这里，就不能住在那里；做这份工作，就不能做那份工作；与一个人结婚，放弃的不只是其他人，还有独立的生活。对狄金森来说，嫁到塞勒姆意味着她现实世界中地盘的扩张，却也是对她想象生活的限制。19 世纪的新娘无论多么温柔顺从，都不可能指望婚后在一间属于自己的房间里保有永恒无上的自由。

所以她才会不断找借口，将二人的结合推得越来越远，让禁欲表现出狂野的性欲，直到他的死把她从这种困境之中解救出来。她那位失意的追求者，似乎对她的诗作知之甚少，如果他读了 1862 年（也就是狄金森与洛德公开恋情的 16 年前）写作的这首诗，也许就不会因为屡遭搪塞而失落沮丧了：

我居住在可能里面 ——
一座比散文更美的房屋 ——
有着数目更多的窗户 ——
门 —— 更是超凡脱俗 ——

房间如同雪松林木 ——
眼睛难以穿透 ——
一个永久的屋顶

由斜折形的苍穹造就——

来客中——最美的——
栖身在——这间房——
展开我窄小的双手
把乐园收罗——

（657 号作品）

"散文"是狄金森对世俗生活的无声讽刺，但在她那里，与此相对的不是"诗歌"，而是一个更大胆的词："可能"。写诗就像居住在"可能"这座房子里，无数窗户向四面八方敞开，可以看到不同的风景。同样重要的是，这些房间不会被窥视的眼睛穿透，而屋顶不是由别的东西搭成的，是广阔的苍穹。来访者不是打乱她神圣天职的朋友或追求者，而是让她灵感迸发的缪斯女神，张开富有诗情的手臂，将美轮美奂的乐园呈现于诗句中。

随着年龄渐长、性格越发孤僻，狄金森对尘世的访客越来越厌烦，对头脑中突如其来的灵感却来者不拒。她与报纸编辑兼作家塞缪尔·鲍尔斯（Samuel Bowles）通信密切（一些评论家认为塞缪尔·鲍尔斯也是她狂热而无果的暗恋对象之一），会恳求他来阿默斯特看她，但当他到达时，她却在卧室里闭门不出，或者干脆不在家。"也许你认为我不在乎，"她在 1862 年给他的信中写道，"……我确实在乎，鲍尔斯先生……但是有些事情困扰着我——我知道你需要光——和空气——所以我没有出现。"[32]

那年晚些时候，鲍尔斯在欧洲休养了7个月后，再次上门拜访了狄金森。她待在楼上，写了一张便条让人送下来，开头便是"我不能见你"[33]。在随后的几年里，类似的情况不断上演。鲍尔斯1877年来访，又一次被告知不能见她时，据说朝着楼上大喊："艾米莉，你这个该死的坏蛋！别再耍我了！我大老远从春田市赶来看你，马上下来。"[34]狄金森后来的编辑兼传记作者托马斯·约翰逊（Thomas Johnson）说："据说她乖乖顺从，再没耍其他把戏。"她对待鲍尔斯和对待洛德一样，不露面不是因为不想见他，而恰恰是因为想见他才不露面。

梅布尔·卢米斯·托德（Mabel Loomis Todd）与狄金森的哥哥奥斯丁交往甚密，最终致使狄金森家庭失和，但狄金森死后，她承担起了编辑狄金森未出版诗作和书信的工作，成为狄金森遗作编辑之中最重要的一位。托德曾在日记中记录了1882年与这位诗人初次见面时的尴尬经历："她总是一身白，把头发梳成15年前她开始隐居时流行的样式。她让我过来给她唱歌，却不愿见我。她经常给我送花送诗，我们就这样建立了愉快的友谊。"[35]

尽管托德越来越常在狄金森卧室下面的会客厅里与奥斯丁幽会，两个女人却从未真的见过面。托德偶尔会看到狄金森远去的背影，或者听到她的脚步声，但从来没有当面与她交谈过。托德对这段经历戏剧性的描绘十分吸引人。狄金森始终不愿与托德见面，以沉默、怪异的姿态与托德交流，在空缺之中培养出了一种关系。狄金森跟鲍尔斯、托德的关系，就像她跟洛德的一样，她试图将之维持在文字间的虚幻之中，而不是现身露面。

当然，狄金森与洛德法官见过面。她还是个孩子时就认识他了，而他丧偶后也经常去看她。根据狄金森的嫂子苏珊那番骇人的证词，他们一再延迟的古怪求爱过程，尽管始终没有圆房，却在楼下的会客厅里留下了许多令人窒息的拥抱。

早在洛德求婚之前，狄金森就委婉地提醒过他，任何事情都不能诱使她放弃独处一室时那种伊甸园般的自由。讽刺的是，也许正是狄金森这种超凡脱俗的气质吸引了洛德。狄金森的传记作家休厄尔向我们展示了洛德在 1871 年为埃塞克斯郡地方检察官、"备受爱戴的当地显贵"[36] 阿萨赫尔·亨廷顿（Asahel Huntington）所致的悼词，以证明这一猜测。

最引人注意的是，洛德在赞颂逝者的各种美德时，对其中一种致以了最为激昂的敬意。他说，亨廷顿"超乎寻常地无为"[37]。这并不是说亨廷顿毫无生气或冷漠无趣，而是具备"一种平和的心境——不会把自己的想法强加于他人——看上去漫不经心事实上了然于胸……"。

如果在洛德看来，这些特质是最值得敬爱和尊重的，那么不难理解狄金森为何会让他神魂颠倒。在这篇悼词中，"克制"被洛德视为一种高尚的精神品质。我们往往会抱怨谈话对象看上去"心不在焉"，会因为看不出他们的所思所想而困惑不安。这种"超乎寻常地无为"象征着与现实脱节，甚至傲慢的疏远。

在洛德致悼词的 40 年后，弗洛伊德以惊人相似的方式描述了精神分析中的倾听法则。他说，为了捕捉病人无意识的沟通，精神分析师必须具备一种"不带任何预设"的精神状态、一双不被自己的"期望和偏好"支配的耳朵，以及一种"均匀悬浮的注意力"（对比洛德所说的"看上去漫不经心事实上了然于胸"）。对洛德和弗洛伊德来说，这种注意力分散的状态会在内心创造一方敏感和接受的特殊空间。以这种观点来看，精神分析师俨然就是"超乎寻常地无为"，而诗人也是如此。狄金森退缩到自己上锁的房间里，躲到寂静之中，"什么也不做"，这样她才能比一个受婚姻责任和传统约束的女人走得更远。

狄金森的人生和诗作都是由一连串空间、身体和情感上的拘束所决定的。1847 年，16 岁的她在阿默斯特家宅以南 6 公里的曼荷莲女子学院待了 10 个月，1864 年，为了治疗不知名的疾病，她去了波士顿好几趟。除却这两段经历，她一辈子都住在同一座房子里，这座"家园"，正是现在的艾米莉·狄金森博物馆。到了 19 世纪 60 年代末，她只有在迫不得已的时候才迈出家门，如果有拜访者，她也待在房里不去见客。

她的人际关系也同样受限，主要都是她在日常生活中所接触的人——母亲艾米莉、妹妹拉维妮雅（维妮）、哥哥奥斯丁。奥斯丁在 1856 年结婚后，与妻子苏珊搬到了隔壁的房子里，苏珊是狄金森的闺密（尽管有时会激动狂躁），也是第一个读到她诗歌的知心好友。在狄金森的童年和青春期，有一段时间，身为律师兼辉格党政客的父亲爱德华会一连好几个月从家中消失。

他先是当选为马萨诸塞州众议院和参议院议员，前往波士顿任职，之后又前往华盛顿就任国会议员。

虽然和母亲的娘家亲戚经常来往通信，但他们住在 30 多公里之外的蒙森，这就意味着父亲的家族在艾米莉童年时代的家中存在感更强。在阿默斯特长大的狄金森，永远无法避开父系氏族的阴影，尤其是她祖父那伟岸威风的形象。她的祖父塞缪尔·富勒·狄金森（Samuel Fowler Dickinson）是阿默斯特一个名门望族的后裔，在圣三一教派保守主义的环境中长大，后来又受到乔纳森·爱德华兹（Jonathan Edwards）清教徒教义的影响。阿默斯特是圣三一教派抵抗新英格兰兴起的一神论派自由主义浪潮的堡垒，塞缪尔 21 岁时从一场险些让他丧命的疾病中康复，之后就成了圣三一教派狂热的信徒。

他的宗教热情在其颇具远见的教育事业中得到了体现。1814 年，他创办了阿默斯特学院（30 年后，艾米莉和她的兄弟姐妹都曾在此就读），之后他立志创建一所三一学院，为新一代基督教牧师提供精英教育。尽管他起初满怀激情，阿默斯特学院却因筹资困难陷入窘境，与波士顿一神论派和其他三一学院的分歧也日渐加深。塞缪尔·狄金森一心想要实现自己的计划，他放弃了法律事业，把所有的财力都投入建校之中，最终失去了家宅，破了产，职业声誉也彻底毁了。

父亲冲动的热情迫使长子爱德华早早承担起了成年人的责任。爱德华从少年时代起就肩负着重振家族荣誉的重任，为了帮助家里周转，他多次中断了大学学业，所幸终于成了一名成

什么都想做，什么都不想做

功的律师，在政界也顺风顺水。爱德华让阿默斯特学院有了稳固的财政基础，也赎回了失去的家宅。

这听起来像是一个振奋人心、彰显孝道的故事，但补救父亲造成的伤害让儿子吃尽了苦头。塞缪尔是一个高瞻远瞩的天才，但爱德华却因此身负重担，变成了一个严肃、不苟言笑的人。沃尔夫写道："在爱德华的一生中，没有哪一样东西能在情感和精神上与塞缪尔·富勒·狄金森的非凡远见媲美。"[38]

爱德华对于激情一窍不通，这一点最为显著地体现在他对艾米莉·诺克罗斯（Emily Norcross）的笨拙追求中。他们之间的通信显示，面对她的委婉托词、杳无音信和频繁拒绝，他是多么茫然困惑、懊恼沮丧。他的字里行间充满了难以掩饰的愤怒，却从来不曾流露出热恋之人关切的语气。他滔滔不绝地讲道理，却似乎只会进一步加深她的恼怒被动。如此翻来覆去的情感纠葛也遗传到了狄金森兄妹三人身上。祖上气魄宏大、鼓舞人心的宗教情怀仍然若隐若现，却在父亲这里衰退为一具空余传统而失去精神的躯壳。

狄金森的母亲则给这个家庭带来了更加焦灼的紧张情绪。艾米莉·狄金森在1874年写给托马斯·希金森的一封信中说："在我小时候，无论遇到什么事，我总是会吓得跑回家。他 * 是个糟糕的母亲，但总比我身边没人陪伴好。"[39] 希金森还记得她

---

* 原文如此，狄金森可能在暗示母亲毫无母性，没有尽到天职。——译者注

亲口对他说过："我从未有过母亲。我想母亲就是你遇到麻烦时会急着去找的那个人。"

狄金森暗示，她的母亲既在场又不在场——人虽在那里，却没有敞开的心灵和耳朵，无法让孩子感受到他们真的存在于对方心中。她无法给予小时候"遇到麻烦"的狄金森情感需求，这使得狄金森长大成人后对她的印象一片空白，仿佛她虽有一具躯壳却并不真正存在。

法国精神分析师安德烈·格林（André Green）在一篇影响深远的论文中用"死寂的母亲"（dead mother）一词指称这种母亲缺席的内在体验。他认为，如果一个孩子在成长过程中，始终被母亲漫长的悲伤或抑郁包围，他的心中可能会形成一种无法消除的观念，认为母亲是一个"遥远的形象，一个毫无感情、死气沉沉的人……虽然活着，但在孩子眼里不过是一具行尸走肉"[40]。这番描述与狄金森对她"从未有过"的母亲的回忆十分相近，但究竟是什么导致了狄金森母亲那种抑郁慵懒的情绪呢？她在爱德华漫长而曲折的求爱过程中所表现出的那种愤懑不平的被动，暗示了她对未来的婚姻抱有一种无法言说的抵触心态。也许是因为她不想嫁给爱德华·狄金森，也许是发觉了他并没有真正的激情，她似乎是在一种勉强顺从，而非热切渴望的心情中步入婚姻的。婚后，丈夫前往波士顿和华盛顿，在政界追求事业上的成功，她被一连数月丢在家中，独自照顾年幼的孩子们。她的人生既不是自己所选，也不是迫切所求，她只是个困惑的主角，从来没有机会去发现自己真正想要的人生。

这也许可以解释当爱德华重振父名的努力终于有了成果，重新买回父亲失去的砖房（也就是后来的"家园"），并于1855年带着妻儿搬入其中时，她所表现出来的情绪。据沃尔夫说，狄金森的母亲非但没有和丈夫一起庆祝，反而在这个时候陷入了某种"难以名状、无能为力的冷漠"[41]。这是她终其一生难以摆脱的忧郁，在童年的狄金森看来，是个无法解开的谜。"母亲要么靠在躺椅上，要么坐在安乐椅上，"狄金森在当时写给一位年长些的朋友伊丽莎白·霍兰德（Elizabeth Holland）的信中说，"我不知道她到底得了什么病。"[42]

我们不可能知道为何狄金森家宅的失而复得会在艾米莉·诺克罗斯·狄金森身上引发如此糟糕的反应，但这刚好吻合了她与自己人生的脱节，她不能或不愿认同这以丈夫的名义赋予她的地方。她周围看似坚实可靠的世界变成了一条河，她既无力控制也无法抗拒，只能无助地被带向下游。她长期以来的无精打采其实是一种漫无目的、畏惧得只能随波逐流的具象表现。

因此，女儿选择的人生道路与她的完全相反，也就不足为奇了。艾米莉·狄金森顶住了婚姻和上流社会的诱惑，坚守住了自己的独立自主和隐居生活。她确信，若无意外，她会掌控自己人生河流的走向。

狄金森也许避开了母亲不幸的命运，却展现出了一种令人叹为观止的能力——想象自己遭逢不幸。她的许多诗歌之中都萦绕着一种有关存在的倦怠感，比如这首同样写于1862年的诗：

有一种生命的倦怠

比痛苦更加迫近——

它是痛苦的继承人——当灵魂

饱尝过种种艰辛——

一种昏昏欲睡的感觉——在扩散——

一种朦胧如浓雾一团

把意识裹严——

如层层薄雾——抹杀了巉岩。

外科医生——不会见了疼痛——就吓白脸——

他的性情——非常严厉——

但告诉他那个生灵已无感觉——

直挺挺躺在那里——

他则会告知你——手术为时已晚——

一个比他更强的人——

在他之前已进行关照——

生命力已荡然无存。

（396号作品）

什么都想做，什么都不想做

当痛苦不再折磨我们时，倦怠就会接管剩下的人生。神经在极端躁动下燃烧殆尽，随之而来的是零度的"生命力"，是任何医学手段都无法治愈的无精打采。

狄金森许多广为人知的诗歌都试图跨越死亡的门槛，甚至进入死后的世界。然而，这首诗却将我们带到了生命最原初、最接近自然的层面——一个充斥着烟雾的地带，在那里，意识再无法察觉到自身的存在。这也唤起了一种倦怠的氛围，令感觉麻木、意义丧失，就像是萦绕在她母亲身上的那种氛围。这首诗中灰雾笼罩着内心生活的景象，与后来反乌托邦式幻想中荒凉空洞的外在世界遥相呼应——就像塞缪尔·贝克特的《终局》、科马克·麦卡锡的《路》中所呈现的景象。

同一年的另一首诗（305 号作品）分为两部分，各用四行诗句描绘了"绝望"和"恐惧"。恐惧是"沉船的一瞬"产生的感觉，绝望则是在"船难已经发生"时出现的。在绝望的时刻：

> 心灵平滑——不动——
>
> 满足得如同
>
> 一尊胸像脸上的眼睛——
>
> 尽管知道——却看不清——

绝望与满足竟然变得难以区分。船难的景象对观看者造成了极大的伤害，以至于引发了一种精神性的失明，反而获得了涅槃的极乐。心灵的平静结束了我们生命中的尘世纷扰。

在随后一年所写的一首诗（786 号作品）里，狄金森自述她因为某个对象的离开而悲痛欲绝。然而与从前的诗作不同，这次她没有沉浸在空虚的慵懒中，而是选择"将你的生命留下的 / 那非常可怕的真空填补——"。填补真空的方式就是疯狂地活动：

> 我竭力劳累头脑和筋骨——
> 不断骚扰以疲惫
> 亮闪闪的神经网络——
> 竭力将活力阻碍

这种惩罚性的过度劳动，目的不是为了重振精神，而是为了诱发疲惫，让自己累得再感受不到失去的痛苦。然而这首诗凄凉黯淡的结尾，却告诉我们这种努力不过是徒劳：

> 医疗意识的药物——不可能有——
> 选择死亡
> 是自然治疗生命疾病的
> 唯一的药方——

换句话说，每个具备意识的人所患的痼疾，就是无论多么努力也逃避不了痛苦和激动的情绪，就算付出许多艰辛，也终究是徒劳无功。一个多世纪以后，安迪·沃霍尔也以比较通俗的词句表达了同样的意思："活着就是要做很多你不总想去做的事情。"我们是受到重力制约的生物，被迫承受着"拥有意识"带来的压力。也许，再没有什么比母亲日常空洞的眼神更能令狄金森发现这重真理了。

狄金森那些关于倦怠和疲劳的诗作中存在着一个悖论，那就是它们竟然将无力的倦怠疲惫描绘得如此有力鲜活。诗行中间和末尾插入的破折号，打破了句子在韵律上的连贯性（"外科医生——不会见了疼痛——就吓白脸——/ 他的性情——非常严厉——"），但正因为打断了字里行间的流畅性，想象中的孱弱与震惊才能如此栩栩如生。麻木的身体和灵魂被注入了恐怖却鲜活的魅力。

狄金森探索内心经验最遥远的边际，唤起一种会让我们联想到宗教狂热的谵妄。如果说母亲的慵懒倦怠萦绕在她的诗中，那么祖父的热情也同样洋溢在她的作品里。但是，塞缪尔·狄金森对福音的笃定信奉并没有在狄金森对宇宙奥秘的探索中得到体现。祖父认为有个仁慈公正的上帝指引着世间的秩序，她却只能感受到一片原始的混沌和晦暗。在她的许多诗歌中，永生并非是对公平正义的福报，而是让灵魂堕入无尽黑暗与邪恶的诅咒。

狄金森在诗中找到了另一条灵感之路。祖父承担着在人世间执行上帝指令的繁重责任，她则在文字的轻盈空灵中寻求升华超脱。她在诗里最钟情拿雪做比喻，雪是最洁白、最易消散的物质，在我们试图抓住它的瞬间就融化了。同样，诗无法被掌握、被衡量，它是反重力的重要媒介。

就这个维度来说，诗中的宝藏与我们在世俗生活中所追求的财富完全相反。正如狄金森1877年的一首短诗所暗示的那样，诗人的荣耀不在于名望，不在于财富，也不在于任何世俗成功的外在象征，反而在于贫困：

> 谁从未有过——希求
>
> 谁就对狂喜茫然——
>
> 节制的盛宴
>
> 毁了酒宴的容颜——
>
>
> 欲求的完美目标，要力所能及
>
> 尽管迄今尚未抓住——
>
> 但不能再近——免得现实——
>
> 把你灵魂的痴迷破除——

（1430号作品）

从这几行诗里就可以窥见，她在次年为何要寄给洛德法官那封奇特的情书。"狂喜"不是在达到"欲求的完美目标"时体会到的，而是在想要达到目标时才会拥有。实现欲望就意味着背叛欲望——真正的盛宴是依靠"节制"而非美酒来彰显其尊贵的。

然而，狄金森的节制并不是佛教徒那种摒弃欲望的心如止水，反而是一种对"终结欲念"的强烈欲望。这在我们听来好似一种不折不扣的精神折磨，狄金森却将其视为我们所能渴望的最为欣喜若狂的状态。她将生命的真实本质置于想象的纯粹空间中，使之不被世俗现实中难以避免的妥协和堕落玷污。当她告诉洛德，她多么想嫁给他时，我们不应该质疑她话中有假。她对他的那份只停留在幻想中的激情，不是某种漫长残忍的欺骗，而是说明了她在情感和精神上都坚信"渴望"比"拥有"更美好。

成为一名诗人就是要和自己签订一份奇怪的契约：她要在"可能"的国度里积累数不清的财富，以此放弃"散文"国度或外在现实里的各种财富。隐退到更私密、更不起眼的荣耀中——我们不应将这种行为误读为谦逊。这是一种对重力的反抗，旨在超越支配尘世的种种法则传统。对狄金森来说，做白日梦不是退缩到无精打采的休止状态中，而是追求最高使命的基础。

对沃尔夫来说，这种观念不仅与人们印象中狄金森"沉默寡言、低调谦逊的老处女形象"大相径庭，同时也是一种最大胆的亵渎，将诗人纯洁无瑕、飘逸轻盈的创作与上帝坚固不屈的造物对立起来："上帝在诗人身上发现，自己的造物竟能歌舞——做上帝所不能做之事。"[43] 然而，这种反抗并没有撒旦那样邪恶，因为诗人从没有想过也无法超越上帝的势力和力量。

诗人唯一的力量就是一种有意的无能。目睹她在"可能"的国度里拥有的无限力量，便可明白在"行动"和"改变"的国度，或者我们更常称为"现实"的世界里，她必然什么也做不到。另一首写作于 1862 年的诗可以看作狄金森针对"诗人"这一概念做出的某种宣言：

> 这就是诗人 —— 就是他
> 能从平凡的意义中
> 提炼出惊人的妙理 ——
>
> 还有，司空见惯的物种
> 就在门口凋落 ——
> 他却从中提取了菁华
> 我们心里纳闷为何
> 我们不抢先抓它 —— 一把 ——
>
> 诗人 —— 就是他 ——
> 图景只有他揭晓
> 两相对比 —— 叫我们 ——
> 永远陷入贫寒 ——
>
> 对天赋 —— 浑然不觉 ——
> 盗窃 —— 无法伤害 ——

他自己 —— 对于他 —— 财富 ——
在于 —— 时间之外 ——*

（448 号作品）

　　"司空见惯"的花朵掉落在我们的门前，就像我们日常话语中"平凡的意义"一样，干枯而没有了生气。诗人的炼金术，就是从那些在我们看来既没有香味也没有意义的花朵中提取"感觉"或"气味"。她是怎么做到的？不是通过创造我们其他人根本无法触及的图景，而是"揭晓"我们过往没有察觉到的隐约气味。诗人的字句所吐露出的潜藏芬芳，在我们嗅到的那一刻，是毋庸置疑的存在。因此我们会提出疑问："为何 / 我们不抢先抓它 —— 一把 ——"

　　诗人提供了一种方便的装置，节省了我们的时间和精力。狄金森"揭晓事物"的非凡天赋，让我们得以看到隐藏在内心和周围的无尽图景，"两相对比 —— 叫我们 ——/ 永远陷入贫寒 ——"；换句话说，她这样做，所以我们就不必做了。她珍贵的想象力赋予了我们在想象上偷懒的权利。我们可以没完没了地从她那里"盗窃"图景，或者读她的诗，而她却丝毫不会因此贫穷。

　　我们可以如此自由地从她那里盗取，因为我们并没有真的

* 根据上下文，此处对蒲隆的原译文进行了适当调整改动。——
编者注

拿走任何东西。她对于图景的储备是一种"天赋——浑然不觉——"，是一笔"财富——/ 在于——时间之外——"。这恰恰完美地未卜先知了弗洛伊德对于无意识的定义——"无时间性"[44]。两者的相似不仅局限于表面。无意识的内容就像诗歌的内容一样，并不像其他事物那样存在于我们这个受时间束缚的世界里。金钱和名誉都是有限的东西，失去了就无法挽回，而诗意的想象和无意识则是无限的资源，任我们随意取用，永不枯竭。

从这里，我们还可以一窥狄金森放弃的另一件重要之事。除了放弃婚姻和社会地位，狄金森还拒绝出版作品，拒绝成为世俗眼中的诗人。比起她那些强硬的声明，狄金森对出版的态度要模棱两可得多。她在与未来的导师鲍尔斯和希金森最初接触时，就想听听对方对她诗歌的评价。鲍尔斯在征得她的同意后，在春田市的《共和报》上发表了她的 6 首诗。此后的余生中，狄金森只另外又发表过 5 首诗。

在与希金森的通信中，有明确的信息表明，艾米莉很希望在出版作品一事上得到希金森的鼓励。她在 1862 年写给他的第一封信中问道："我的诗还好吗？"[45] 然而，当希金森怀疑这样一首艰深难懂的诗歌不能被大众接受，建议她推迟发表时，她反驳说，她"从未有过"这样的抱负，"就像鱼不会飞上天——"。在同一封信中，她诙谐又颇为尖刻地对希金森的批评做出了回应："你认为我的步态'紊乱'——我是遇到了危险——先生——/ 你认为我'失去控制'——我就是没有裁判。"[46]

这封信里的傲气毋庸置疑，不过，希金森期待她多写一些更加委婉寻常的诗歌，或许也恰恰印证了狄金森对"出版诗作就必须有所妥协"的疑虑。正是这些疑虑促使她在 1858 年至 1865 年间创作了 40 册"诗笺"*，大约包含 800 首诗，是妹妹在她死后大为震惊地发现的。

每一册诗笺包含 20 首诗，手抄在四五张折好的纸上，用线绳小心翼翼地装订起来。这份花费了极大心力的手工制品究竟是为了对抗传统意义上的出版，还是恰恰相反——正是为了确保诗作能够出版？评论家们对此争论不休。

也许这个谜题本身就并不存在。狄金森在整理和保存自己的诗歌上投入了如此之多的精力，把它们藏了一辈子，但她允许作品在自己死后被人发现，这就好像她把"出版"与"追求名利"的行为划分了开来。狄金森希望世人认可她的诗歌，同时也希望这份认可不会被世俗的野心和欲望玷污。在她看来，在世时便成为赫赫有名的诗人，就是为了酥皮而毁掉整块面包的绝佳范例。

这样看来，狄金森的诗笺是大胆一搏。秘而不宣地为死后出版的作品做着准备，就意味着她必须要确信，她的后代也同样会认定这些作品十分伟大。这样，诗的荣耀就会与她个人的荣耀稳妥地区分开来。1863 年写就的这首诗，是她抨击出版的

---

* 狄金森将诗歌定稿亲手抄录，用针线缝制成小册子。这些册子被她的编辑梅布尔·托德称为"诗笺"（fascicles）。——编者注

有名诗作，就旨在强调这两种荣耀的区分：

发表——是拍卖

人的心灵——

贫穷——在证实

这种勾当英明

也许——我们——宁肯

从我们的阁楼里出去

一身清白——去见清白的造物主——

也不愿把我们的白雪——投资——

让思想属于它的——

创造者——然后

属于它的体现者——去把

高贵的气韵打包——

出售——去当

天恩的商客——

但不可让人的精神

遭受价格的辱没——

（709号作品）

　　　什么都想做，什么都不想做

投资"我们的白雪",就是要从诗歌的无形语言中创造出一种具体可贩卖的商品。诗笺可以保证狄金森的诗歌流传后世,又能确保诗人的精神不会"遭受价格的辱没"。

狄金森继承了祖父的高瞻远瞩,但他的那份洞见必须经过中间那一代人,才能传到她的身上——也就是说,经由她父亲的心灰意冷、刻板严肃以及母亲的焦虑懒散才能传承。塞缪尔眼中光芒四射的神灵创造,在狄金森的眼中变成了一种更加含混不清的力量。天与地、生与死,都同样被晦暗混沌所笼罩。

有些基本的宗教信仰被传承了下来,但形式却截然不同。例如,狄金森写于1862年的名作(501号作品),开篇就自信地断言了来世的存在:"这个世界不是结论。"但这首诗中描绘的彼岸世界,绝非《天路历程》中的天堂。思考来生不会让人看到天堂幻境,而是会触发感官的模糊扭曲。在我们这个被时间束缚的世界之外,是"像音乐,眼看不见——/却如声音一样确实——"的永恒。飘浮回荡在彼岸世界中的声波,与其说是天使的和声,不如说是某种"招呼"和"迷惑"的白噪声。

这首诗的最后几行,更是对她祖父复兴传统宗教的福音热情狠咬了一口:

> 许多姿态,从讲坛——
> 滚来雄壮的哈利路亚欢呼声——

麻醉剂止不住

咬啮灵魂的牙疼——

在狄金森最为多产的一年里，她创作了 365 首诗，那时的美国正经历着人类历史上最为血腥的战争。南北战争伴随着工业化和城市化的重大变革，沉重打击了她祖父那一代人对"光明慈善的上帝掌管着世界秩序"的信仰。这些影响颇为深远的剧变所引发的动荡和恐惧，可以在狄金森诗歌不和谐的韵律以及令人窒息的意象中感受得到。然而，我们还是想要知道，这些重大历史事件是如何导致她不愿积极出版，反而退缩到"灵魂允许自己进入的 / 那种极地的幽僻"（出自她创作于 1877 年的 1695 号作品，是她晚年的诗作）中的？当外面的世界烽火连天，你怎么还能在上锁的房间里做白日梦呢？

但话说回来，你又为什么不能呢？正如我试图证明的那样，做白日梦并不总是一种忧郁退缩、绝望无助的表现。狄金森用她的人生和作品向我们展示，做白日梦也可以是爱情、质疑和反抗的最深刻展现。

第四章

游手好闲者

20 世纪 80 年代中期，我总会定期前往心心念念的卡纳贝街，偷看那些穿着怪异的朋克青年，翻找我挚爱乐队的唱片和藏品。有一次，一张海报引得我停下脚步：那是一个女孩懒洋洋地朝左倾卧着，从一床漆黑的被褥里探出头来，白皙的双肩暗示她一丝不挂，但她就好像睡美人一样，对自己可能唤起的欲望浑然不觉。她的身体像是一份性爱解约书，散发着冷漠。盯着她那头浓密的秀发，你很快就会陷入夜晚黑暗的无尽虚空之中，它吞噬着睡眠之外的一切。

这张被钉在墙上的海报，顶端与底端都印有文字，字体边角锐利，诉说着忏悔、命令和引诱："我今天没去上班……""……我想我明天也不会去 / 让我们掌控自己的生活，去追求快乐而非痛苦吧。"

这张海报让我陷入了悲伤和恐慌之中，就好像一枚无形的导弹正中我青春期生活的要害，玷污了我对人生意义和目标的看法。这个女孩暗示，在长久躺卧的乐趣之中，可能隐藏着我们想要舍弃床外世界的愿望。

回家的路上，我心中的忧郁渐渐消散。那句原本读来像是在抗拒人生的话，此时却给了我一丝奇特的希望：你不必遵照这个世界或者你自己的期望而活。你不必遵照父母、学校、老板或自己制订的日程行事。如果你不喜欢别人强加给你的安排，那就从头来过，选择你喜欢的生活。

"去追求快乐而非痛苦吧"——这句令人难忘的实践哲学名言，于我而言是一种鞭策，让我去做那些我一辈子都被人告知不能做的事——也就是让我好好爽一把。然后，我突然意识到了一个深藏于内心的秘密：我真正渴望的自由其实是什么也不做的自由，是摆脱了责任和义务重担的自由。终日赖床似乎是一种抑郁沮丧的退缩，但从另一个角度看，它是想象力的释放、恢复元气的方式。清空一天的工作与任务，让日程表如同一块诱人的空白画布，随便做什么都行。当然，"随便做什么"也包括在床上躺一天，但与上学或工作不同：昨天上班就意味着今天也要去上班，今天上班就意味着明天也要去上班，但重新躺倒睡下会让你在接下来的几个小时中什么都不用做。工作会扼杀一天的开放性，睡眠则会保全这种开放性。

海报上的女孩被定格在似睡非睡之间，在这样的时刻，坚不可摧的现实世界便沦为了晃动屏幕上的投影。也许，她更爱睡眠而不是工作日那份刻板的清醒，并不是虚无主义的体现，而是对人类可能性的肯定。将每天的日程计划看作可做可不做的事情，就会驱散那种令人窒息的逼迫感，放松现实世界对我们年轻身心的束缚。

倦怠者也更情愿选择睡觉和退缩，而非投入工作和社交生活——但是说"选择"也并不准确。倦怠者的困境在于，他们承受不了义务的重担，却也适应不了放松的状态。如果说去工作是坠入了西西弗斯式的苦刑地狱，待在床上也绝非栖身宁静愉快的乐土。对倦怠者来说，那些可以自由安排的日子，带来的更像是折磨而非自由。每一种选择，如果它确实是有意义的，都需要一个推动它的欲望，而欲望正是倦怠者所缺乏的。女孩之所以躺在床上，是因为她不知道该去哪儿、做些什么。

相比之下，懒虫会享受凌乱床铺上的诱人怠惰，而白日梦想家则会躲进美妙的幻想之中，飘浮在床铺上方。然而殊途同归，他们都会表现出一动不动的姿态。精疲力竭、倦怠懒散、耽于幻想确保我们不会牺牲掉任何一种选择，只不过要以放弃行动作为代价。困在人生岔路口的倦怠者、懒虫和白日梦想家不敢选择方向，因为他们害怕失去选择其他道路的机会。

他们的害怕不无道理，几乎每个有固定工作、日复一日必须在固定时间上班的人，都深谙这一点。当你为公司打官司、清理垃圾、打字计数、治疗病人而累得昏天黑地时，你可能会发现自己在梦想着一种更自由的生活，大可决定今天或明天要不要去上班，去追求快乐而非痛苦。然而这些白日梦最终只能碰壁，你不得不为家人、雇主、客户、病人以及自己担起种种重担。

于是你放弃了稳定的工资，成为长期的自由职业者——去写小说、搞发明、炒股赌博、开个小众博客。如今的你一觉醒来就有大把的时间可以挥霍，却渴望着固定工时和明确任务（这些可都是被你愚蠢抛弃的）带来的踏实安心。你感觉自己渐渐失去了紧迫感、方向感和明确的目标，而这些都是过去你知道自己该去哪儿、该做些什么时，再寻常不过的东西。

当我们的时间不属于自己的时候，我们就想将它夺过来；但是一旦夺回了时间，我们就又想把它还回去了。它变成了一份不断被推来推去的礼物，不在我们手里时令人心向往之，拥有它的时候却又承受不起。

于是就有了"不工作"的第四种方式，这或许也是最让我有共鸣的一种方式：游手好闲。

在看到那张海报的 7 年之后，我发现自己从未像此刻这样，如此理解这个昏昏欲睡的女孩的精神状态。我当时正在攻读博士学位，获得了研究委员会颁发的奖学金，这意味着我不用为生计奔忙，可以一门心思好好读书了。不过，这份特权带来的后果，却和我预期的有很大出入。尽管已是博士生，我仍需要参加英文系的大课和研讨课，但我那时已经不归属任何机构或个人管辖，没有人会硬性要求我做什么事情或待在什么地方。我可以逃课几天、几周，甚至几个月，都不会被人发现。

学年开始的几周后，我一睡醒就会不由自主地想到，即使我一页书不读、一个字不写，对其他人来说也没差，这种想法让我既侥幸又忧惧。即使在最为焦虑不安的时刻，我也能体会到一种不受任何东西、任何人束缚的放纵快感。我就像海报里那个昏昏欲睡的女孩一样，只要闭上眼睛，就可以从床铺外面

什么都想做，什么都不想做

那个令人窒息的纷扰世界中消失。

但是随着时间的推移，这份起初因为无所事事而带来的提心吊胆的愉悦感就被焦虑吞噬了。我经常一觉睡到快中午，一动不动地坐在客厅的椅子上，或是神情恍惚地盯着墙上的阴影，直到一列火车从厨房的窗外隆隆驶过，我才从梦初醒。我会洗个澡，吃点东西，漫无目的地游荡在尼斯登灰沉沉的街道上，内心翻腾出一片毫无意义的迷雾，掩盖了我十分清楚的一件事：我根本不知道自己在做什么。

念博士的 4 年前，那个年轻而憔悴的法律抄写员巴托比的故事，竟然让我意外摆脱了自己的惰性。而这一次，则是电影院抛来了救命稻草。理查德·林克莱特（Richard Linklater）的《都市浪人》是那种少有的、你刚看了一眼就知道自己再也忘不了的电影，就像初次见到恋人的脸庞一样叫你屏息凝神。我花了 2.5 英镑——当时的票价要比现在便宜大约 10 英镑，只不过要坐在一张没有在黏腻地板上焊结实的破椅子上。但对于这部电影，跳蚤窝似的破旧环境倒像是影院精心打造的沉浸式氛围。

没过多久，我就发现林克莱特的电影映照出了我漫无目的的生活。它描绘了得克萨斯州奥斯汀的亚文化，几段故事古怪而随机地拼凑在一起，出场人物之中不乏伪玄学家和疯子，阴谋论者和街头小贩，修补匠和小混混，无政府主义者和装腔作势的人。他们之所以串联在一起，仅仅是因为他们彻彻底底地放弃了"谋生所必需的工作"。

我无精打采地坐在椅子上，直勾勾地看着开场镜头：一个看起来友善亲切的年轻人（后来我才知道他就是导演本人）背着背包，来到公交车站，漫步走向一辆出租车。不出几秒钟，他就开始了一场独白，在一个长镜头中，摄影机透过车前的挡风玻璃，轮流在他和司机脸上聚焦。这个家伙慢吞吞倾吐的梦境与司机茫然的沉默凑到了一起，这彻头彻尾的不搭调仿佛成了一种独特的联结。他们虽共处一方狭小的空间，却各自生活在不同的宇宙里。

这个年轻人谈到了自己做的梦、幻想以及日复一日的人生选择。就像现在，他可能还会在公交车站逗留，搭上一个漂亮的陌生女孩的车，被她送回家——这就是当下在另一个平行世界里可能会展开的一段情节。他下车后，镜头就从他身上移开，对准下一段场景，几分钟后再一次随意摇走，对准另一段场景，每一段情节都像这样被随意串联在一起，却又与前一段巧妙挂钩。故事开始、中断、重新开始，循环往复，但这一连串支离破碎的故事似乎都是在重复着同一个故事。

镜头掠过奥斯汀的草地和水泥景观，遇到了岔路，选择一边就意味着要放弃另一边的场景，而我正在看的这部电影似乎也被其他很多我没有去看的电影纠缠着。这并不是一种负面体验；相反，那些在幕布后若隐若现的场景给了我一种极度亢奋的感觉：好像每一刻都会孕育出其他时刻。对于我这样一个毫无目的、"一天到晚都像在做梦似的"（借用哈姆雷特的话）人来说，这种想法蕴含着疯狂的活力，而这部电影里的人无精打采、倦怠萎靡的体态和语调反而更加强化了这种氛围。

这并不意味着我认同电影里那些飘荡闲逛的角色，也不是说我向往他们漫无目的的可笑人生。我并不像那些角色，打算加入一支名为"终极失败者"的乐队，也不会写一本名为《阴谋阿戈戈》的书，更不是那种会用"你创作的每一样东西都是你的死因之一"这样的话贬损女友的人。

真正启发我的，更多是镜头本身的那种特质，它散发着无精打采、心不在焉、好奇尚异、自由自在的光芒。我被镜头在各个松散画面之间的移动轨迹迷住了，它游移、迟缓地从一个角色离去的背影转到下一个角色的冷脸上，仿佛只是勉为其难地挪移着。这部电影的片名与其说是对片中人物的形容，不如说是在描述电影本身[*]。它与自身的主题若即若离，这既让人着迷，又让人烦心，既充满活力，又洋溢着懒洋洋的氛围。

"游手好闲"一词，最初是"二战"期间用来贬斥那些逃脱兵役的人的，后来逐渐用来形容各种对生活和工作的冷漠淡然。游手好闲者看上去是个典型的反对者，是个"拒绝高手"——工作、活动、情绪波动、选择和信仰都被他冷漠的黑洞吞噬了。可是，这样懒散颓废的电影片段，怎么会如此强烈地启发了我？

观看《都市浪人》开启了我看待人生的另一种方式，我的人生不必被外界强加的目标成就衡量和评价。这让我们得以一

---

* 《都市浪人》的英文原名为 *Slacker*，即"游手好闲"。——编
　者注

窥罗兰·巴特所谓的"僧侣式行为",也就是"每个主体都按照自己的节奏生活"[1]。这种生活方式意味着要拒绝工作和休闲的非人性化力量对我们时间和空间的严格约束,沉浸在自己特有的冲动、好奇和欲望的节奏之中。这同样也是一种社会理想,我们每个人的生活节奏都能并存于世,互不打扰。

在一个社会里,工作的目的与实现道德、社会和经济理想相协调——如果说我们所谓的乌托邦指的是这样的社会,那么《都市浪人》所呈现的情境就不算是乌托邦。不过,它让我们了解到,当我们各自独立、互不干涉地共存于世,完全不需要遵从统一至上的节奏步调时,生活将会是什么样子。它鼓励我去寻找自己的僧侣式生活,我这才意识到自己确实需要这种内在节奏。

我过去一直深陷在强烈的羞耻感中无法自拔。我会自责没有专心读书写作,不知不觉间浪费了时间和金钱。《都市浪人》令我茅塞顿开,我发现问题的症结在于,我的好奇心与平日固定的工作安排并不协调。博士生开放自主的日程,其实按照我头脑中那些随意闪现的灵光来安排最好。

如果我每天早上定时坐下来看书,不出几分钟,我就会眼神涣散,或者一遍遍地读着同一个段落。反而在晚上洗碗的时候,我可能会灵光一闪,豁然开朗。

后来的这些年中,我意识到,我的工作效率并不是靠自律的鞭策,而是由一种稳定的无纪律激发出来的。我读书、思考、写作,有时是心血来潮,有时是通宵达旦,有时是利用一刻钟的茶歇时间，有时是放空一周后自然而然的成果。我所做的，就是7年前从卡纳贝街回家时梦寐以求的事情——让自己好好爽一把。我从中得到的启示是，如果我遵循着自己的内在节奏，顺着那些随意闪现的灵光，我就不会迷失在无所事事的虚空之中；事实上，如果被迫工作，我迷失的可能性反而更大。

当然，有时你的内在节奏会无法与他人的区别开来：你必须遵从外部（比如工作，或是情人、孩子、宠物）强加的节奏，但也许恰恰在这种时刻，我们才最应该保持僧侣式生活的无纪律性和拒绝精神，以及它不按任何目标方向活动（或者不活动）的特质。如果任由自己被他人的要求和议程包围，你将很快失去人生最值得享受的一面。

回想一下，古希腊时代怀疑主义的鼻祖皮浪为了逃避义务的劝诱和信念的吸引而做的荒谬努力吧。他游荡在悬崖边，暴露在猛兽面前，冒着生命危险反抗自然法则而不愿承认现实。皮浪的怀疑主义是从根本上削弱心智，因为它刻意回避所有确切行为，将自我置于对自身命运的"不动心"，即漠不关心的状态之中。

皮浪主义有个关键前提——经验告诉我们，自然或道德真理没有可靠的衡量标准：年轻人觉得微风柔和拂面，老年人却可能感到寒冷；一个人认为的邪恶行径，在另一个人眼中则可能是美德。皮浪从普世的不确定性推断，既然没有任何一种积极的行动或存在状态比另外的更好，就连活着本身也是如此，那么不妨任凭自己受机运的摆布。

对大多数人来说，这几乎不能被称为一种生活方式。大约 500 年后，医生、哲学家塞克斯都·恩披里柯（Sextus Emppiicus）在将怀疑主义定义为一种思想流派时，将皮浪的思想实践于日常生活中。尽管塞克斯都也希望通过暂停所有判断、拒绝一切确切的"真理"来实现"不动心"的目标，但他认识到这套思想在实践中必须遵循"天性的引导、情感的需要、法律习俗的传承，以及智者的教诲"[2]。换句话说，如果我们不知道应该遵从哪些真理，至少也要有据可依。

对我们来说，何为真、何为善也许是不可知的，但是习俗和情感能够让我们活得和知道真与善没什么两样。我们无法确定天气是否真的很冷，但是可以确定自己是否觉得冷，而这就为我们穿上外套提供了充分依据。因此，塞克斯都在不反驳皮浪极端怀疑主义立场的情况下，找到了一种方法来缓和它对我们生活方式造成的极端影响。他就像个好医生一样指出，"我们不能完全不行动"[3]，推而广之，即我们不能放任自己陷入对自身完全漠不关心的境地。

林克莱特电影中的游手好闲者将不确定性视为生活的基础，这种怀疑主义思想如同他们不着边际的想法和计划一样，具有强烈的感召力。然而这种诉求本身并不能成为论据，至少从我们自以为优越的反思视角（举个例子，这种视角让我们能够采用科学的方法和仪器测量气温）来看，它显得荒谬可笑。在当今鼓励个人偏好和抒发己见的自恋式文化中，怀疑主义的吸引力反而在于它缄默不语的立场——它对"夸夸其谈"谨小慎微的态度。在我们的社交媒体上,意见已经成为一种新型的货币和自我的本质。宣扬立场,已然成为一种证明我们确实存在于世的方式。我嚷嚷故我在。

塞克斯都讲了一个故事,阐明了怀疑主义与真理和正义之间的一种较为温和的关系。画家阿佩利斯要画一匹马,想精准描绘出马嘴边唾沫飞溅的画面。屡次失败后,他沮丧地把湿海绵往画上一甩,"当海绵击中画布的时候……马嘴边的泡沫立刻显现"[4]。

只要我们试图通过做决定或解决问题等积极方式寻求"不动心"的状态,就只能加剧自己的紧张和挫败感;但如果放下自以为是的狂热,"不动心"就会不请自来,"不期而至,如影随形"[5]。这个故事告诉我们,再怎么精密盘算,我们最想说的话、最想做的事都可能变为徒劳,这与精神分析如出一辙。但这个故事同样暗示了怀疑主义和道德准则之间的联系。塞克斯都告诉我们,获得最令我们向往、最不可能把我们束缚在急躁不满中的生活方式,意味着摒弃"我们是真理的主人"这份幻想。

正是怀疑主义的这一面启发了罗兰·巴特,令他发现怀疑主义之中包含了一种所谓"中性"的状态:"中性就是……毫无价值,当然也不服务于任何一种立场或身份。"[6]这种中性并非政治或道德极端之间某个平庸的中点,而是一种存在状态、一种人生信仰,暗示我们身上有一种罗马尼亚哲学家萧沆(E. M.

Cioran）所说的"冷漠官能"。

萧沆认为，当人类将曾经给予诸神的狂热加诸思想中时，那些致命的意识形态和举动也就应运而生了："一旦一个人失去了他冷漠的官能，他就会成为一个潜在的凶手。"[7] 冷漠不仅仅是我们与生俱来的一种态度，还是我们存在的一个基本维度，它努力不让我们被教条和意识形态的狂潮淹没。

对于萧沆来说，没有比"多疑和懒惰"这样的"恶习"更高尚的美德了，因为这些恶习可以保护我们不受狂热的恐吓和真理的欺凌。"只有怀疑主义者（或游手好闲者，以及唯美主义者）才能逃脱"狂热的传染，"因为他们从不提倡任何事，因为这些真正造福人类的恩主破坏了狂热信仰的密谋大计……我觉得和皮浪在一起比和圣保罗在一起更安全，因为幽默的智者要比义无反顾的圣人更温和"[8]。

怀疑主义的立场，至少在萧沆的解释下，是对"将人类视作功能性动物"的无声反抗，拒绝承认人是一种由自身主张的信念和公开的行动所定义的存在。承认冷漠的官能或中性，就是坚决抗拒人类被简化成这些身份象征。游手好闲者同时具备的多疑和懒惰，使我们免受义无反顾的圣人恐吓。

游手好闲者挑战的是"行动"和"目标"这两个在我们看重积累和竞争的文化中毋庸置疑的特权。他们直面问题的本源：什么让人生值得活下去？例如，我们要拿什么来对抗新自由主义创造并加剧的社会分化、经济不平等、人性丧失和混乱局势？我们可以用一系列有价值的目标和政策来应对这些罪行：

什么都想做，什么都不想做

建立社会福利安全网、重新分配税收、发放低保等等。这些政策可能的确是为了改善我们的生活环境而制订的，但是它们并没有指出，我们的生活想要追求什么意义。社会政策和提案强调了人作为"一种行动的生物，一种特定联结和身份的产物"的需要。"从不提倡任何事"有个不为人注意的好处：它鼓励我们思考和体会自身，不要将自我视为"行为"和"想法"的简单总和，而是超越了任何行动与成就的、仅仅因存在而存在的生物。

从这个角度来看，游手好闲者懒惰多疑的生活不是针对某种观念的反抗，而是单纯体现了"存在"的权利，为了活在哲学家弗雷德里克·格霍（Frédéric Gros）所说的"悬而未决的自由"[9]中，不受个人、职业或任何其他身份的束缚。在当代，这一权利受到了威胁。资本主义热火朝天的生产、对社会地位的要求和渴望，以及工业生产的机械化节奏，都把个体带入一种永远处于焦虑和服从之中的状态。

近代历史的每个阶段都会涌现出所谓的"反文化"，也就是为了反抗这些异化的机械节奏而形成的生活模式。18世纪后半叶的浪漫主义，19世纪的唯美主义和颓废派，20世纪的"垮掉的一代"、嬉皮士和朋克青年，都构想了社会、创作与性爱生活的全新模式，涵盖了集体生活、吸食鸦片、艺术形式和日常时尚方面的僧侣式生活实验。

浪漫主义是这条反文化长链的源头。浪漫主义者反对强制行动，反对服从工业社会及其不停生产的制度。在浪漫主义的诗歌和散文中，这种抗议常常以遐想的形式出现，作者超脱于外部世界的负累，被崇高的风景带入自我内心深处。在这一刻，现实世界的紧张不安消失了，作者沉浸于美好却转瞬即逝的宁静之中。

虽然浪漫主义文学中有许多这样的遐想片段，但很少有哪一段比卢梭 1776 年未竟的杰作《一个孤独漫步者的遐想》中的"第五次漫步"更恰如其分、直击人心。那时的卢梭已近生命尾声，他在漫步中思索着自己孤独流放的境况，这是他一生所遭受的阴谋和背叛重创最理想的解药。

第五次漫步之际，卢梭在瑞士比尔湖中小小的圣皮埃尔岛上避难，一群来自附近莫蒂艾斯村的暴徒刚刚投掷石块砸了他家的房子。岛上的静谧孤独正是饱受迫害的他所需要的理想慰藉。他陶醉于"难得的无所事事"[10]中，过着无所作为的日常生活——懒洋洋地采集植物标本，坐在湖畔或乘小船漂流到湖心。这种将活动降至最低限度的生活，带来了一种完美的内在状态：

> 但是，在一种状态下，灵魂可以获得足够踏实的依靠，完全地放松休息，并凝聚起自己全部的生命气息，不必回忆过去，也不用跳跃到未来；在这种状态下，时间对于灵魂没有任何意义，此时此刻就是持续的永恒，既不会让人感觉到时间的存在，也没有任何时刻接续更替的痕迹。既没有失去，也没有享受；既

没有快感，也没有痛苦；既没有欲望，也没有恐惧，除了我们自身的存在之外，什么也感觉不到，只有这种感觉能够将灵魂完全填满。只要这种状态持续下去，身处其中的人就可以说自己是幸福的。不是那种不完满的、贫瘠可怜的、在生活的享受中获得的相对的幸福，而是充分的、完美的、圆满的幸福，且不会在灵魂中留下任何有待填满的空白*。[11]

在这幸福的时刻里存在一个令人痛苦的悖论：尽管这一刻可能是完美而接近永恒的，却不能持久。那种涅槃极乐，那种永远摆脱日常生活起伏跌宕的感觉，只是当下的稍纵即逝。这个纯粹的自我，只有当一个人被封闭其中，对外部世界不动摇、不关心的时候，才会保持它永恒的完美。但正如塞克斯都在 1 500 多年前指出的那样，"我们不能完全不行动"。太阳一落山，湖面上的微风一吹，提醒我们船要靠岸了，我们就得返回到时光流逝、挫折涌动的平凡世界中。

不过尽管这一时刻终究要逝去，我们也不应该忽视它。那艘湖上小船里发生了一些意义深远的事情；漂泊在水上的卢梭发现了一个蕴藏在自我之中的极致自由领域，用当代德国哲学家彼得·斯洛特戴克（Peter Sloterdijk）的话来定义，就是"一无是处的狂喜"[12]。想想这个为了物尽其用而榨干个人体力与创

---

* 此处译文引自陈阳译《一个孤独漫步者的遐想》，江西人民出版社，2016 年。——编者注

意的功利世界，我们就会明白这片自我的领地非常危险。斯洛特戴克写道："第五次漫步中的卢梭，就像一个核反应堆，将纯粹无序的主体性突如其来地放射到周遭世界。"[13]

百无一用、无所事事、一无是处——这些我们用来贬低游手好闲者的词语证实了他们在我们内心深处所引发的恐惧。他们"纯粹无序的主体性"一旦出现——无论是浪漫主义的幻想、波希米亚式的陶醉、嬉皮士的狂热、朋克的虚无主义，还是其他哪种形式，都会因其厚颜无耻地混吃等死、不负责任和怠惰失职而备受攻击。鼓吹疯狂生产的文化一直努力让我们相信，我们是积极、有目标的人。我们执迷于这种信念之中，试图抹去所有与此相反的证据——游手好闲者必须穿上制服、找到工作，别再领取低保，要做个有用的人。尽管他们的无用不会带给别人任何伤害，我们还是对这类人心怀芥蒂，害怕他们会展示出我们自身无用的一面——说出我们今天不想去工作的心声。

那种要我们在现代世界强加的节奏中找回自身节奏的冲动，始终挥散不去。对于我们这些被困在"不断行动"和"不停分心"中的人来说，日常生活的所有基本元素——睡眠、饮食、性爱、运动和思考，都处于一种长期匮乏的状态。我们受到打扰、被人催促、被迫中止、迷茫困惑，身心似乎很少有属于自己的时刻。咨询室只是能够让我察觉到这种困境的诸多空间之一；每节地铁车厢、每场社交聚会、每间办公室中，似乎都充斥着"时间不够用"和"血槽已空"的抱怨，比如睡到一半被叫醒，夫妻或一家人吃饭时被突然亮起的电子设备干扰，下班后的时间和周末假期也都被工作吞噬。

在这种心力交瘁的文化中，"慢活族"悄然兴起。这是一个松散的群体，提倡放慢日常活动的步伐，无论是烹饪园艺还是设计和医疗。正如卡尔·欧诺黑（Carl Honoré）在这场运动的"圣经"《慢活》[14]中明确指出的，慢活的目的不是推崇慢节奏本身，而是要从活动本身来设定我们执行它的速度，不要生搬硬套某个外部强加的时间表。无论是一道文火炖菜、一个瑜伽姿势，还是一个吻或一席话，只要我们沉浸其中，它们自然会告诉我们应该炖煮、坚持或享受多久。

按照这种方式生活，世俗的日常快乐不再只是一种消费，它们给了我们真正体验的乐趣，而不是"终于又做完了一件事"的自满自得。我们不难看出慢活的吸引力所在：在被消费资本主义主宰的、疯狂加速的世界中，慢活承诺我们，它将为我们重新找回真实人生的完满和深度。

但在如今琳琅满目的书籍、TED 演讲和博客中，还有另一种推崇"慢节奏"的论调：它们保证，慢下来不仅会让我们更快乐，还会让我们更有效率。慢慢做事就意味着循序渐进地把事情处理妥当，而不是因为急于求成，在焦躁之中粗心大意。欧诺黑引用了一位 IBM 经理的话，他鼓励员工"少用电子邮件，这样才能让它们（和生活）更有用"[15]。欲速则不达，限用电子邮件，反而可以让电子邮件发挥最大效用。

有了这样的忠告，那些讲求目标与生产力的要求，本来看似要首当其冲地成为慢活颠覆的对象，现在反而更加甚嚣尘上了。慢活本身不再是终极目的，而是成了平衡工作和生活的一种手段。不过，这有什么不对吗？通过厘清轻重缓急，找回控制日常步调的方法，以此缓解社会人普遍存在的焦虑不安，这不是很明智、很人性化吗？

事实上，它反而巩固了我们将自己视为"推动任务的工具性生物"这一观念。慢活不再为一路狂飙的生产效率踩刹车，却开始反过来为生产效率效劳，帮我们培养出更健康的身体和更清晰的思绪，以便成为更好的职员、父母、爱人、厨师。这种支持慢活的观点就像很多所谓的心理自助书籍，既可以拿来追根究底改变现状，也可以为虎作伥粉饰太平。

毕竟，卢梭的湖畔遐想的成果，并不是他宣称自己精神百倍地重返工作、回归社会。他的遐想不是古早的瑜伽静修，也并非为筋疲力尽的上班族充电的正念课程，而是让他彻底投入了"纯粹无序的主体性"——这种危险的能量就像海报上那个女孩大胆展露出的昏昏欲睡，侵蚀我们成为优秀员工和理想公民的意志。"慢"是社会责任和凝聚力的敌人，而非盟友。

在当今这种过劳文化中，涌现出了一个与卢梭那艘湖上小船极为相似的设计：盐水浮力减压池。卡尔·塞德斯托姆（Carl Cederström）和彼得·弗莱明（Peter Fleming）在 2012 年的著作《行尸走肉的工作》中提到，这种讨巧的装置在"频繁加班、压力过大、无法让自己停下来的伦敦上班族"[16] 中得到了越来多的青睐。他们描述了进入池子，漂浮在温热盐水中的体验。在黑暗中，身体的轮廓似乎消融在水中，"你再也无法分辨身体的各个部位。你躺在那儿，置身于黑暗之中，听着周围的音乐缓慢流逝，大脑活动就会慢下来，你会心甘情愿地屈服于一种梦游般的状态，最终整个人都化为虚无"。

就像沉浸于遐想的卢梭一样，在减压池中的自我，快乐得不多也不少，融入一种纯粹无我的状态中，那是比任何世俗快乐都更完美的涅槃空寂。但是"沉浸于遐想"和"沉浸于减压池"之间的差异，较之它们的相似之处，带给我们的启发意义只多不少。在卢梭看来，自给自足的幸福状态与潜伏在其边缘的尘世纷扰是无法调和的，而减压池却打着恢复活力、提高生产力的旗号招揽顾客。减压池的公关人员说："一个减压疗程能够保证你压力全消，头脑焕然一新，百分百专注于手头的事情。它能够提升创造力、解决问题的能力和动力，让我们的注意力更持久，能量级更高。"[17]

越来越多的办公场所开始将这种"享受纯粹活着"的短暂体验（包括正念冥想、瑜伽和减压池）纳入服务之中。要让员工最大限度地提高生产效率，他们身上游手好闲的那一面就必须要被打压下去。公司的策略不是彻底消灭这份游手好闲，就好像它是游荡在公司闪亮玻璃幕墙外的废物，而是将之看作我们所有人都具备的特质。为了鼓励员工实现内心平和，公司也会承认人的惰性倾向，即人会拒绝成为对社会有用的人，或者借用如今更没人情味的说法，拒绝成为"净贡献者"。这种在午休时间将员工送进减压池的伎俩，可以将员工心中的这种抗拒情绪转化为公司所用。

不过在慢电视[*]中，我们看到的却是一股没那么容易被拉拢利用的慢活潮流。慢电视的灵感来自安迪·沃霍尔的实验电影作品，在那些长片中，他将镜头长时间对准身边酣睡的情人、帝国大厦等静态或接近静态的对象。这种拍摄实验与沃霍尔的电影在同一时期诞生。1966 年圣诞节，纽约 WPIX 电视台播放了著名的《圣诞柴火》：在节庆欢快的配乐中，循环播放着一段柴火在壁炉中燃烧的画面，全程没有插播广告。不过直到 2009 年，挪威广播公司（NRK）制作的一系列节目才让慢电视正式成为一个成熟的电视节目类别。

挪威广播公司的第一档慢电视节目实时转播了从奥斯陆到卑尔根的 7 小时火车旅程，用 4 个固定机位交替拍摄车厢内外。节目播出后广受欢迎，吸引了 125 万观众在不同时段收看，此后广播公司还推出了一系列类似的电视节目，除了火车旅行外，还拍摄了游船航行、捕鲑之旅、为期 3 个月记录鸟类生活的集锦、一整夜劈柴烧火的场景，以及一场马拉松般漫长的编织转播。

自从电视悄然进入我们的家庭和生活，它就始终是文化

---

[*] 慢电视（Slow TV）是近年来一个逐渐流行起来的概念。与传统电视节目相比，这种电视节目节奏缓慢，播出时间长，内容以单纯跟拍普通事件为主。观众可以跟随节目从容地欣赏美景，看原汁原味、未经剪辑、没有后期制作的内容。——编者注

批评家们抨击的对象，他们哀叹电视对我们道德、智力和政治能力的荼毒。他们说电视让我们变得驯服、顺从、轻信。它一点一滴地喂给大众新型鸦片：一餐餐毫无营养的娱乐节目和虚假信息的乱炖。无论内容是虚是实，无休止播放的电视节目只会不断加深道德的堕落（在保守派批评家看来）以及政治屈从（在改革派批评家看来），让大众习以为常。

这些批评家指出，电视会击垮我们挺直、警觉的身心状态，而这些都是我们在办公区域走动或坐下办公时所应该保持的。在筋疲力尽的状态下，提供给我们掏空的身体和榨干的心灵的，是报道、观点和资讯。换句话说，电视与我们自身内在的惰性一拍即合。瘫在沙发上的我们和湖上遐想的卢梭一样，往昔的悲伤和未来的焦虑似乎都烟消云散了，但是卢梭面前的美景对他一无所求，让他沉浸在了幸福的无意识状态中，而屏幕上的画面却总是在索要我们的注意力、情感和兴趣。

慢电视在这方面有所不同，它更接近我们这个时代的"第五次漫步"。它让我们体验由电视媒介带来的恍惚状态，不会有信息资讯刺激心弦。慢电视不是用内容填满空白的时间，而是鼓励我们保持时间的空白，不念过去，也不管未来，把时间浪费在毫无内容的观看上。

制作人托马斯·海鲁姆（Thomas Hellum）是挪威广播公司慢电视潮流的开创者，他说有一位82岁的老先生整整5天坐在电视机前，入迷地观看实时转播的峡湾巡航之旅。他到底在看什么呢？他是不是像海鲁姆打趣的那样，只是不想离开座位，担心自己会错过什么？还是说如此的迷醉并不是因为担心自己会错过什么，而是因为时刻、地点与景物之间的分界在逐渐模糊？

长时间地观看从奥斯陆到卑尔根的火车之旅，凝视着车后的铁轨绵延无尽地滚向远方的地平线，沉浸在驾驶舱的阴影里，还有那窗外的风景——点缀着零星亮光的漆黑隧道，沐浴在耀眼日光中的灰色山岩，高耸的电缆塔和月台上的巨大集装箱，一望无际的大海和沙滩，万里无云蓝天下刺眼的白雪、郁郁葱葱的草地和玻璃般清澈的湖水，最终融入单一无尽的声色流之中。

此时此刻，与其说你沉浸在风景之中，不如说是沉浸于自己的思绪。观看的对象相比观看这一行为本身，倒显得不那么重要了。真正的慢，会把我们从日常观看世界的方式中抽离出来，不再将世界视为一系列互不相关的事物总和。它使我们回忆起自己呱呱坠地之时所见到的世界——一股没有分化的感官巨流。

从卢梭到慢电视，遐想始终是一种无声的抗议，表达了我们渴望生活在内心深处那份不会被他人或工作利用的漠然中。对遐想最常见的一种指责，就是将其视为彻头彻尾的反社会行为。这种观点将幸福塑造成了一种自恋的退缩——在自我陶醉中，外在世界的基本条件（时间、空间、他人）全都消失不见了。这可能就是为什么游手好闲者经常被骂"不是这个世界的人"，他们对统治这个星球的规则和标准熟视无睹，激起了我们愤怒的蔑视。

和怀疑主义一样，伊壁鸠鲁的享乐主义学说也推崇"不动心"，或曰平静的冷漠，并将其视为人生最大的善行。如何达成这个目标呢？和如今人们对享乐主义的刻板印象不同，实现"不动心"的途径不是无尽地快乐放纵，而是要避免引发紧张和痛苦的身心压力。在卢梭的湖上小船以及慢电视观众的扶手椅上，"不会体验到……快乐或者痛苦……仅仅能感受到自身的存在"。很难想象还有哪种景象比这更完美地体现了伊壁鸠鲁"藏起来，别管世界怎么样"[18]的忠告。

也许是预见到了慢电视带来的奇特乐趣，大卫·福斯特·华莱士在出版于1996年的小说巨作《无尽的玩笑》中，描写了一部秘密流传的电影，任何看过它的人都会沉溺其中，在极乐的高潮中死去。这就是将自己完全沉浸于"不动心"状态的合理结果。如果你在船上或椅子上待得够久，你总会死去，完美的寂静总归要让位于生理需要，但是我们身上游手好闲的特质是否真的与他者世界的现实存在格格不入？为什么我们很难想象自己的内在节奏可以和他人的节奏和平共处于一个世界呢？

这在很大程度上可以归咎为我们具有获得和维持生存手段的需要，这迫使我们有责任让自身去适应不属于我们自己的节奏——田地里、街道上、工厂里、办公室中的节奏。我们的生存需要工作，或者更确切地说，需要劳动。汉娜·阿伦特

（Hannah Arendt）认为，我们所谓的工作可以产出实际可感的产品。相比之下，劳动是一个无止境的过程，是为了生存而不是为了创造。我们劳动，是为了养活自己和家人，这意味着必须日复一日、年复一年地重复着劳动的循环。阿伦特写道，当我们谈到劳动时，"使劳役变得痛苦的不是风险，而是不断的重复"[19]。

无休止的重复是痛苦的，因为这代表着我们要屈从于外界强加的节奏。这意味着置身于水泄不通的车队里，或是在拥挤不堪的站台上等待晚点的火车；这意味着努力让身心适应键盘、电钻、传送带、收银机的节奏；这意味着要在紧迫的截止日期内完成任务，压抑任何想要小憩或散步的冲动。我们之所以不喜欢劳动，是因为劳动让我们以不属于自己的方式过活。

两个多世纪以来，无政府主义者和社会主义者始终在设法构想一种工作形式，能够终结劳动单调乏味的霸权统治。这些学者包括启发了 19 世纪一系列公有制社会实验的空想社会主义者夏尔·傅立叶；卡尔·马克思的女婿、写下了震惊世界的文章《懒惰权》的保尔·拉法格；俄国无政府主义理论家米哈伊尔·巴枯宁、彼得·克鲁泡特金；还有身为英国工艺美术运动领袖和活跃分子的威廉·莫里斯。

这些思想和观点在王尔德著名的文章《社会主义制度下人的灵魂》中得到了整理和提炼，这篇文章是王尔德在读过克鲁泡特金的著作后立即写下的。王尔德鼓励我们去审视，什么是自己人生中最重要的事情。我们往往不假思索地认为，我们最在意的，应该是那些对我们最有用的，而"美"仅仅是锦上添花，或只是一种懒惰。有用的东西才能满足我们最深层次的需要，美只是迎合了我们的欲望和奇想。

王尔德让我们想象由美统治的自我和社会，消磨灵魂的"有用"劳动都被外包给公有的机器去负担。在这样的世界里，美在于一个人或一件东西"是其所是"，即表现出其独特的个性。在社会主义制度下，人的个性"不会总是妨碍他人的个性，或者要求别人同自己一样。人爱他人，因为他们彼此不同"[20]。

在这样的社会里，人的价值不在于他与别人多么相像，而在于他有多像自己。王尔德所设想的社会，将为"个体没有怨恨和竞争地并存"创造条件。愤怒和异议之所以会出现，就在于社会不让其成员是其所是。王尔德说："完美个性的基调不是反叛，而是安详。"[21]

"不动心"的愿景并非社会的公敌，而是社会的基础。拥有"冷漠的官能"，也就是懒得向别人发号施令，可以帮助我们培养勇敢的创造力，无所畏惧且快乐地表达自己，这正是王尔德对美的定义。通过推翻"有用"的暴政、"无休止重复"的劳动，我们为无用之美在日常生活中取得主宰地位开辟了路径。

当然，事情并没有如王尔德所愿，至少现在还没有。在这个"奋斗者和翘班族"并存的时代，我们常常认为世界上充斥着诈取社会福利的骗子和游手好闲者，他们舒坦安逸地活着，却以我们的艰苦奋斗为代价。实用主义的暴政似乎从未像现在这样根深蒂固，一切事情都要以"是否有用"为标准衡量。独特的个性与其说是一种美的表现，不如说是一种营销工具，"做你自己"听起来更像是一句广告宣传语，而不是旨在鼓励社会和个人转变。

王尔德构想的社会是一个美的社会，这意味着，在他看来，只有艺术才能表达人无拘无束的独特性。而在我们这个新自由主义社会里，艺术已经成为一种买卖个人独特性的方式，就像买卖其他商品一样。王尔德期待的，是一个能让人数激增的游手好闲者随心所欲的世界，但在我们的世界里，人们只会压下内心游手好闲的冲动，按照就业中心的建议行事。

在这种情况下，宣称艺术是真实自发的自我表现似乎太过天真了。几乎没有人处在培养这种自发性的环境中。大多数艺术家都会陷入两难境地，一面是为了争取创作时间而节衣缩食，另一面是为了维持生计而牺牲创作时间。只有少数人可以靠着自己的艺术作品谋生，其中将艺术品炒到天价，凭此致富的人更是凤毛麟角，这些人的艺术品被大众视为最理想的投资商品，能获取远超其他商品的暴利。

因此，艺术如今非但没有推翻实用主义的暴政，反而成了它最可靠的盟友，肩负着提升品牌、装饰公司会议室和促发投资的任务。那么，艺术家该如何反抗外界对自己作品的这种利用呢？德国艺术家玛丽亚·艾希霍恩（Maria Eichhorn）2016 年在伦敦奇森黑尔画廊举办了一场名为《5 周 25 天 175 小时》[22]的展览，为这个问题提供了发人深思的回答。

展览以为期一天的研讨会拉开帷幕，围绕着展览的观念和它提出的问题展开演讲讨论。展览第二天，画廊门口摆出了一块招牌：

> 在玛丽亚·艾希霍恩的展览《5 周 25 天 175 小时》举办期间，伦敦奇森黑尔画廊的员工全体休息。画廊和办公室于 2016 年 4 月 24 日至 5 月 29 日暂停办公和营业。欲了解更多详情，敬请访问网站 www.chisenhale.org.uk。

艾希霍恩的"展览"让画廊的全体员工休了 5 周带薪假，在此期间没有人接电话，接收的电子邮件一律被清除。画廊工作人员在展览期间（或者说在这段没有展览的时间）不许做任何与画廊相关的事务。

艾希霍恩并不是第一个以"拒绝展示任何东西"作为艺术品的艺术家。1969 年，罗伯特·巴里（Robert Barry）在阿姆斯特丹举办展览，就是在画廊上锁的门上挂了一个写有"展览期间，画廊关闭"的牌子；而在迈克尔·阿什（Michael Asher）于 1974 年在洛杉矶举办的展览中，画廊的展陈区域空空荡荡，只是拆除了画廊与办公区之间的隔墙，向公众展示了办公室的日常运作。

但是艾希霍恩展览的重点却明显不同。上述两位艺术家都把焦点放在了"观众想看到被遮挡事物"的欲望上，只不过巴里阻挠了这份欲望，而阿什满足了这份欲望。相比之下，艾希霍恩将我们的注意力转移到了画廊关闭是因为工作人员"不工作"这件事上。

她以这种方式传递了王尔德的理想主义。在画廊停业前举办的研讨会上，参会人员用了很大一部分时间详细讨论，为了维持画廊生计，需要进行多少行政劳动和筹款活动。艾希霍恩中止了这种旨在生存的痛苦劳动，利用为展览筹集的资金，让员工从工作中解脱出来。这份放飞自由的礼物，以及对"不工作"价值的含蓄暗示，构成了展览的隐形内容。在这5周里，她将王尔德在理论上的设想变成了现实：从"劳动"的日常暴政中解放出来，人们可以体会自己是谁，而不是自己做了什么或拥有什么。我们可以想象员工们是如何利用（或浪费）了这段自由的时间，但无法真正看到，也无法将其变成图像来展示和贩卖。换句话说，画廊的工作人员从行动的束缚中解脱出来，获得了真正存在的自由。

我们看不到员工在这段时间做了什么。若展示员工睡觉、在公园散步、看电视，或陷入巨大的存在主义危机、开始自我怀疑的画面，就会将他们的自由榨取为商品，从而危及这份自由。如果套用王尔德的说法，这场展览被称为艺术品，恰恰是因为没有什么可看——它不是放在画廊里供人观赏的东西。它让我们不再将艺术视为可以巡回展出和观看的具体商品，目的即是让我们把生活本身想象成艺术，也就是说，让生活不再被奔忙生计所奴役。

对于王尔德来说，只有当生活和艺术从工具性的束缚中解脱出来，当它们成为其本身的目的而非获得其他事物（金钱或名声）的手段时，它们才具有自己的价值。然而，只要艺术品是用来买卖的物品，这个愿景就不可能实现。现代艺术家始终都在追问，如果可能的话，如何才能创作出一件不会被立即商品化的艺术品？艾希霍恩就在眼下提出了疑问。1961年，意大利艺术家皮耶罗·曼佐尼（Piero Manzoni）制作了一系列罐头，他声称罐头里装的是自己的大便（要证实这种说法只能打开罐头，但如此一来它就没有市场价值了）。最后一个罐头在2016年被拍卖，成交价约为25万英镑。

曼佐尼展示了艺术品市场变废为宝的炼金秘术，但艾希霍恩的秘术与众不同，她将原本用于策展、宣传、治安、管理和教育公众等工作的资金变成了一份意想不到的厚礼——自由的时间。在这5周25天175小时里，没有任何生产活动和目标；从工作和获利的角度看，这些时间都被浪费了，但这些被浪费的时间却是将"工作"炼化为"不工作"的无形财富，让我们得以一窥：如果世上只剩游手好闲者，生活会是什么样子？

精神分析究竟是我们身上游手好闲那一面的盟友，还是旨在规训和"治愈"那个不工作的自我呢？我们有充分的理由怀疑，精神分析是站在"工作"这一边的。事实上，"工作"是精神分析师最喜欢用来描述与患者会面、逐渐达到预期疗效的词语[*]。而为了强调精神分析过程中的痛苦和困难，人们也经

---

[*] 英语中work一词除了"工作"外，也有"起作用"的意思。——编者注

常拿它和分娩做比较，好像如果没有经受过这般折磨的话，就换不来一个全新、不同的自我。

精神分析工作也的确有它所期待达成的结果。弗洛伊德将"爱与工作"视为生活的理想，亦是精神分析的理想，他认为精神分析疗程的最终目的是解除约束，让我们重新将精力投入有成就感、有目标的人生中。在 20 世纪中叶的美国，这个理念推动了精神分析医疗化的进程。作为精神病治疗的主要模式，精神分析满足了社会需求，主要的治疗目标是使患者重新融入职场，以及社会和家庭生活的固定模式之中。在这一时期主导美国精神分析的"自我心理学"传统中，临床工作的根本是"强化自我"，即形成积极、理性的自我，对抗无意识的入侵及其带来的削弱效果。

工作，以及工作中可预见的流程和任务，也许是强化自我最可靠的媒介。像所有常规工作一样，精神分析工作也具有可预测性，也就是阿伦特所说的"不断的重复"。临床治疗中最困难的要求，至少对我来说，就是维持固定流程——在固定时间与同一位病患开始会面、结束会面，在每一次咨询中都付出同样多的专心和关注。当然，强调"守时"和"连贯性"的专业要求，并不是精神分析这一行独有的，但在精神分析中，良好的时间控制不只是有效达成目标的手段，也是治疗价值的根本所在，病人可以凭此体验到他们从未经历过的可靠感和规律性。也许就是因为这种临床上的必要性和道德上的义务，精神分析流程的重复性会让人备感负累。

矛盾的是，这种劳动的目的是保护一个"不劳动"的空间，在这里，工作的自我和那种讲求逻辑思考的努力都会暂停。疗程之中，空间和时间的稳定性可以确保病患的头脑进入某种放松状态，开启一种不需要知道"说什么"或"话题走向"的说话方式——甚至也包括不开口说话。

在当今倍道而进的文化中，日常生活中的大多数经历都被置于"驾驶模式"下：我们总想着如何能最为快速直接地从一个任务推进到下一个任务（尽管和驾车一样，过程也常常陷入拥堵）。精神分析疗程将我们从这种"目的性"的模式中解放出来，引导我们进入一段没有目标的时间，让我们的思想、感觉和语言只探索思维本身，而不指向任何特定目的。

在弗雷德里克·格霍看来，行走就是一种"不工作"，甚至是一种"反工作"。工作将"做事"凌驾于"存在"之上，专心主动胜过散漫被动。人工作是为了生产，而从传统经济学的视角来看，行走是"浪费时间、虚度光阴、完全没有财富产生的死寂时段"[23]。难怪看完《都市浪人》，我马上懒洋洋地走了好长一段路。

精神分析那不强调目的性的一面，就是在病例无须特定做些什么、说些什么的自由时段，潜入病例的日常生活。当然，病例会表达自己的压抑、沮丧、内疚、羞耻、无能和其他种种痛苦，但是心理咨询的治疗力量，不在于找到解决这些问题最有效的方法，而在于激发病例对自身精神世界的兴趣，与日常生活之中通常将他们封锁在外的"自我"亲近起来。从这个意义上说，这是另一种培养僧侣式生活的途径，是另一种慢慢找回我们独特步调和节奏的途径。

这就是为什么精神分析经常被指责是在浪费时间，它无法快速有效地实现心灵上的获利，特别是相比其他见效飞快、节省时间的心理治疗方式。以这种观点看，精神分析没有起到任何作用，仅仅是为了谈话而谈话。这种指责并非空穴来风，但它却忽略了一点：无论如何，患者前来做心理咨询，是为了从生产、解决问题、达成目标的压力中解脱出来。精神分析所提供的，借用温尼科特的话说，是发现深埋在日常行动表象之下的那份纯粹地活着的体验。

在我的印象中，每周三次与杰罗姆谈话时，他都带着一肚子火气：会计师事务所里总有某个唯利是图、庸俗不堪的同事冒犯了他的智商或尊严。听着他喋喋不休的怨言，我忍不住刻薄地寻思，要是这些员工真像他说的这么碌碌无为，事务所究竟是怎么存活的？何况他们还声称签下了一大长串客户公司。

房间里充斥着他冷酷的愤怒和憎恨，变得死气沉沉、令人窒息。起初，我并没有意识到这一点，为了熬过他的蔑视轻贱，我也被他的思维方式所影响。很快，我就会随时等待他开口痛斥那些无论资历深浅、只会阿谀奉承踩着他往上爬的同事。"这帮人啥也不懂。"他说这话时带着一种戏剧化的绝望恼怒。刚开始的时候，我会用一种不耐烦的口吻应付他："可不是吗？幸亏有你。"听闻此言，他会把我晾在那里几分钟，然后冷冰冰地说："如果你的诊疗能力只限于耍耍小聪明的水平，我就不必在这里浪费时间了。"

这话虽不堪入耳，却也给了我当头一棒。换作别的病人，我那句回应可能至多只算是一句轻微的讽刺，让他意识到自己过剩的自尊，以及那份隐藏在自尊后面的自我厌恶；但是杰罗姆太熟悉这种敷衍了事、高人一等的腔调了，他不失时机地报复了我。他根本不需要我指出他盛气凌人的优越感——他每分每秒都不得不与这份优越感相处。

不，他现在需要的是截然相反的东西：一个他可以把怒气毫无保留地发泄出来、不必担心我会反唇相讥的地方。因此，在接下来的 6 个月、10 个月、12 个月、18 个月里，我都默默倾听着他抱怨蔑视自己的工作、同事、不耐烦的妻子、要求根本快乐不起来的他快乐起来的孩子们，以及只会坐在那里"听我没完没了说废话，几乎一言不发"的精神分析师。

每周将近 3 小时，我置身于一个充斥着流氓、蠢货、贱货、泼妇和臭小子的世界，这里充满了残酷的奴役、无谓的尖酸刻薄、无限的诉求和失败的沟通。除了翻来覆去说几句"生活在这样一个没有乐趣、没有爱、毫无成就感的世界上一定很难"之类的话，我找不到别的话可说。

不过，尽管他经常对我冷嘲热讽，但我有一种感觉，当他知道有个人理解他活得这么糟糕时，也算是得到了帮助。随着他娓娓道来童年往事，我就不难理解他怎么会沦落到这个地步了。他父亲是当地一家连锁店的经理，总是对想象力与智力过分早熟的小儿子表现出神经兮兮的嘲讽：明明有机会和爸爸、姐姐、哥哥一起出门看球赛，什么样的怪咖会宁可自己待在家里画画、听音乐？

父亲的疏离感更加映衬出了母亲的过分亲昵。他能感到母亲的目光越过自己的肩膀，凝视着他手中的画，他半是期待、半是嫌恶地等待着母亲夸张的赞赏。幼年辍学是母亲的心结，她因此把儿子的学业当作自己实现梦想的第二次机会。杰罗姆告诉我，有一刻，他甚至不知道自己在给谁写作业，在给谁练琴。

他的父亲对另一半的表现不以为然，与其说是深为在意，不如说是困惑不解，或许也因为他们都找到了能带给自己快乐的对象（儿子）而感到宽慰。杰罗姆因此失去了抵御母亲欲望侵扰、阻止她全盘接管自己生活的最后一道防线。在几乎没有朋友、没有快乐的青春期里，他唯一的避难所就是"逃到巴黎，在阁楼里画画"的俗气幻想。他会长时间地盯着塞尚、马蒂斯，尤其是毕加索的照片，想象自己周旋于才华、痛苦、苦艾酒和女人的无形嘈杂之中。

他和母亲关于选择大学的谈话简短而残忍。"事实上，"他鼓起勇气告诉她，"我想去艺术学校。"她听了之后哈哈大笑，他说那是他一生中最尴尬的时刻之一。她告诉他："等你找到一份体面的工作，过上衣食无忧的生活时，你就可以尽情画画了！""现在我才明白，当时我有多么恨她。"他告诉我。他的恨

什么都想做，什么都不想做

意如此之深，以至于他在以后的岁月中都下意识地不快乐，以此来报复她。他要通过毁掉自己的人生来毁掉她的人生。当母亲告诉他应该念会计专业时，他只是默默顺从了，心里满是冰冷的仇恨和无声的憎恶。

她希望他比自己过得更好，拥有不必委曲求全、抱憾终身的人生。然而，母子俩心照不宣地让儿子的人生重蹈了母亲的覆辙。她嫁给了一个和父亲一样不理解她想要什么的男人；杰罗姆娶了一个同样茫然无知的女人，至少他自己是这样认为的。因此，他发现自己被困在了一种将憎恨自我视为人生最大乐趣的生活中。

这种憎恨最常见的表现形式是沉溺于幻想之中。杰罗姆想象自己从公司辞职，回家乐呵呵地告诉妻子他不干了，然后看着她陷入焦虑，而他自己则整天穿着各种难看的花衬衫四处闲逛，胡子拉碴，白天出门看电影，吃得大腹便便，心不在焉地考虑着要不要上个绘画班。"我能想象她冲我怒吼的样子，'你他妈的真是一个没用的废物！'而我会像勒博斯基那样反驳道：'是啊，好吧，不过，那只是，你的看法喽，伙计。'"一想到这里，他就会不能自已地狂笑上一分钟，直到平静下来，在可怕的死寂中盯着天花板。

我左思右想，到底怎样才能让他认真对待自己的愤怒、悲伤和渴望，而不是让这些情绪淹没在微不足道的抱怨中呢？这不是他前来找我的原因吗？他想要体验一种遵循他好奇心的节奏、依照自己的欲望而打造的生活，和我一起聊天，他可以发现这种生活会是什么样子。每周有那么几个小时，他可以什么都不做，就那么单纯地存在着。他游手好闲的幻想总是让位于他的憎恶、他心中那幅可笑可悲的自我画像；也许是时候让这些幻想服务于他的人生了。

他开始和妻子一起去做婚姻咨询，当他听到妻子说，她不在乎他做什么，只希望他快乐，或者至少不这样痛苦时，他深感震惊。"但是，"他嗫嚅道，"你和孩子们，你们需要我来养活……""别把你的不痛快说成是我和孩子们的错。"她大声吼他，"我们忍受了你那么多乌烟瘴气，这样的指责实在是太过分了。"

这是当头棒喝。妻子怒气冲冲，却也饱含爱意地将他从致命的自怨自艾中摇醒，迫使他认真思考：他对自己沦落至如此可悲的境地，究竟负有何种责任？这开启了他精神治疗中一个激烈的自我反省阶段。他也开始严肃思考：自己期待内心和外在世界发生怎样的改变？接着不幸突如其来，猝不及防。

纳撒尼尔·霍桑在《红字》开头那篇带有自传性质的序言中，讲述了一个奇怪的巧合：他突然被从一个自己一直恨得要死的职位上撤了下来。他写道："考虑到我原来就很厌恶我的工作，并隐约出现过辞职的念头，因此我的幸运有点类似于这样一种人的幸运：他本来正在考虑自杀，却遇上个好机会成了他杀，尽管他并不希望如此。"[24]

杰罗姆接下来的经历会让霍桑的妙语相形见绌。他多年来始终对辞职抱有幻想，也终于有幸被"他杀"了。一天早上，

什么都想做，什么都不想做

他平淡地告诉我他收到了一份通知，接着便陷入了沉默。我问他对此有何感受。"问得好，"他回应道，"你一定会以为，这对我的安全感和自我价值来说，是天大的好事吧？"一点也不错，这个牙尖嘴利的老杰罗姆可算是报了一箭之仇。

即使是现在，两年过去了，我还是很难理解为什么杰罗姆会觉得他遭到解雇是一个无法挽回的致命打击。接下来的几个星期里，我们先前一直努力在理解和改变的那份轻蔑情绪又死灰复燃、变本加厉。什么都改变不了他坚信自己注定得不到任何关爱与尊重的凄凉念头。我试图提醒他，他在失业的几周前已经经历了内心转变，但他郁郁寡欢地告诉我，自己真是个蠢货，竟然相信了那些屁话。就这样，他残忍地谋杀了全新的自我，那个他之前一直想要成为的真正的自己。

精神分析帮助他天马行空地想象出了一种可以不工作的生活，他可以不用在母亲的愿望和父亲冷漠的鞭策下，按照他们制定的标准界定自己的生活。已过不惑之年的他不可能再去念艺术学校了，也不可能上租赁网站，寻到一间破旧的巴黎小阁楼，但至少生活的可能性不会再被愤世嫉俗的自嘲完全扼杀。

不过，遭到解雇让这些转变瞬间化为乌有。杰罗姆坦言，所有那些关于绘画和实现梦想的天方夜谭都辜负了母亲对他的栽培，也都证实了父亲认为他好高骛远的看法，可我竟然还鼓励他这样做。

他似乎无法原谅我了。两周后，在复活节假期后的那个清晨，也就是他原定诊疗时段的前几分钟，我收到了他的语音留言。他说他今天早上不会来了。事实上，他已经决定不会再来咨询了。他对我的帮助表示了感谢。

5 年的咨询生涯中，我第一次收到这样简短、冷漠的告别信息。我被它决然的冷漠刺痛，给杰罗姆回了电话，告诉他，经过这么长的时间，我觉得有必要和他讨论一下他的决定，至少要当面跟他道个别。"对不起，我无法面对……我也不知道到底无法面对什么。我想，对我这个人，大概什么也起不了作用吧。"

我想说："好吧，但是你难道没有发现，那种想让事情'起作用'的迫切念头就是问题所在吗？让你和你那些事情停滞一段时间，看看会发生什么，怎么样？"但我没有机会问出口了。杰罗姆挂了电话，那边除了沉闷的忙音外再无其他。

| "忍受乏味"：大卫·福斯特·华莱士 |

2008 年 9 月 12 日晚，凯伦·格林（Karen Green）回到家里，发现丈夫大卫·福斯特·华莱士在天棚里上吊自杀了。

她在附近的车库里发现了他留给她的两页字条，还有两百页未完成的小说手稿，也就是三年后出版的那部《苍白的国王》。据华莱士的传记作者 D. T. 马克斯（D. T. Max）说，在华莱士手边两台电脑的硬盘和软盘里，还储存着数百页"草稿、人物小传、笔记、片段等等"，那是他十多年来为写作这部小说所做的积累。

《苍白的国王》在他死后出版，这部作品以刺眼的笔触呈现了他人生中并存的"天棚"与"车库"：天棚上是人生被击败、无法存活下去的绝境；车库里，则是一份想象着如何忍受，甚至肯定这种绝境的未竟事业。

换句话说，华莱士的确自杀了，但他也与"如何活下去"这个问题上演了一番胜负难解的精彩争斗。

上一次抑郁症发作时，华莱士自杀未遂，撑了过来。他通过小说中的各色人物熟悉而精准地描绘出了那种状态。他那充满好奇和幽默的叙事话语，其中没有流露出一丝可怕的绝望。

也许只有通过小说提供的安全距离，人们才能够真正忍受这份步步紧逼的绝望。然而华莱士在去世9个月前给经纪人邦妮·纳德拉（Bonnie Nadell）写信，说当时他正处于严重的抑郁之中，根本无法维持那份安全距离，在写小说这件事上，无法"对我自己有丝毫期待"[25]。事实上，他已经病入膏肓了，无法进入那可以帮他继续撑下去的想象世界中。

最终害死华莱士的那场抑郁始于2007年的夏天，在他决定停用苯乙肼之后。精神病学家们认为这种他已经服用了22年的抗抑郁药过时了，还会产生副作用。起初他打算改用其他药物，然而一旦停用苯乙肼，他就很想彻底终结与药物相伴的生活。随后他就因严重抑郁住院治疗，病情的加重令他的生活和写作不断陷入各种纠结的困境。马克斯写道："如果他服用了某种抗抑郁药物，他就会盯着药物说明书上'可能引发焦虑'的副作用，而仅此一点就会让他焦虑到无法服药了。"[26]

在接下来的几个月里，接连服用各种药物、接受电休克治疗，都没能让他的内心恢复平和。马克斯认为，华莱士龟缩到了一种"足不出户"的生活中——这种长期不作为的隐居状态，常常是日本"蛰居族"的代名词。因为害怕撞见自己在波莫纳学院教过的学生，再加上几乎无法看书写作，他养成了整天看电视的习惯，这是他大学时第一次抑郁症爆发、精神崩溃后的生活常态。但是这种无力崩溃掩盖了他长期饱受焦虑折磨的内心状态，而自杀则为他从中解脱出来提供了一丝缥缈的希望。在最终解脱的几个月前，他已经自杀过一次，还制订了其他自杀计划。

在《无尽的玩笑》这部让华莱士扬名后世的反乌托邦巨著中，"精神抑郁"的凯特·冈珀特将自杀视为一个真真切切的"出口"。对于那些想要自杀的人来说，死亡并没有什么特别的吸引力；相反，那些深受凯特口中的"它"（一种生命难以承受的极度精神痛苦）折磨的人，"会像从失火的高楼里跳窗逃生一样自杀……当火焰逼近的时候，跳楼自杀成了两种绝境中稍微不那么可怕的选择"[27]。

华莱士去世几个月前给一位朋友写信，告知对方他自觉老了 30 岁，编辑说他"满眼忧虑"。参考冈珀特的言论，这种身心交瘁、耗尽了所有内在资源的状态，看起来就是终于抵达了

　　　什么都想做，什么都不想做

那个一直以来慢慢逼近、无人察觉的地狱。冈珀特发现,"它"的"情绪特征大概是最难道明的,也许只能说有点类似于一种进退两难的困境。所有涉及人类能动性的选择(坐或站,工作或休息,说话或沉默,活着或死去)都不仅让人烦恼,更是可怕的深渊"[28]。

这与兔子涅槃般的平静,与那种无欲的平和相去甚远。想要自杀的抑郁症患者,所表现出的那种迟钝麻木,是"行动与不行动""活着与死去"这些无法抉择的选项间一场旷日持久的残忍角力。

总之,华莱士的人生和作品都在讲述同一个故事:如何从这种永恒的煎熬中解脱出来。其中一个版本在初秋夜晚的天棚里画上了句号,另一个版本则从车库开始,仍然在读者之间流传。从表面来看,天棚里的那一幕是华莱士求生之战失败的印证;但从另一种更具思辨性但同样真实的角度看,留在车库里的那几页手稿是他在这场战争中勉强获胜的证明。

华莱士的作品,无论是小说还是非虚构作品,都充斥着无力的意象、状态和人物,浸淫在或如末日般恐怖、或喜悦自得、或自满自足、或紧张空虚、或禁欲般平静的氛围中。动物毫无表情的面孔,电视机前观众死气沉沉的消极被动,度假者麻木呆滞的满足,瘾君子的灵魂出窍,办公室职员的百无聊赖,这些不同的意象都展现了对趋近于"零意识"的相同向往。清空一切精神活动有时可能是一件幸事,而有时却像是一个诅咒。

也许，华莱士会挖空心思描绘出这么多种平静状态，正是因为他自己无法直接体验平静。夹在他所鄙视的盲目服从和他所向往的超然宁静之间的，是一股持续存在的焦虑暗流，从童年时代起就一直伴随着他。

在华莱士的童年生活中，我们似乎找不到这股焦虑暗流的明确源头。他在美国中西部的大学城厄巴纳 – 香槟长大，据马克斯说，"华莱士的童年快乐而又平凡"[29]。他的母亲在社区大学教英文写作，父亲是哲学博士出身。童年的华莱士并不过分需要父母的宠爱、关注或赞赏。在家人和他小时候同学的印象里，华莱士是一个聪明、外向、有趣的孩子，喜欢美式足球、奇幻冒险故事、情景喜剧和肥皂剧。

但是，华莱士生命最后阶段的服药记录，却呈现了远比他无忧的童年艰辛百倍的图景。据华莱士回忆，他第一次被翻滚而来的抑郁与焦虑击中，是在 9 岁或 10 岁的时候。他鄙视自己未发育的身体和脆弱的感情，并被这种情绪牢牢抓住，坚信别人如果真正了解他就不会喜欢他。

在随后的几年里，他不但学业成绩有了显著提高，更是在青少年网球比赛中崭露头角，然而随着外界的认可纷至沓来，他的内心状态却每况愈下。焦虑发作得越发严重、频繁，有时甚至会恶化为恐慌症全面爆发。马克斯写道："他不知道到底是什么引起了恐慌，但他心知肚明这种病症会时不时地复发，他担心人们会注意到自己的恐慌，而这种担心又让恐慌更加严重。"[30] 这种循环往复的折磨使他陷入了一场"自我意识愈加沉重"的噩梦：他最终发现这些沉重的自我意识不仅是自己的精神问题，更是整个社会的痼疾。

就读阿默斯特学院时，与华莱士光彩夺目的学术成就形成鲜明对比的，是他越发严重的抑郁焦虑。他在 1989 年接受校刊《阿默斯特杂志》采访时，谈到了自己贪婪的求知欲仿佛一把双刃剑："玩命学习让我生机勃勃，也同样让我死气沉沉。"[31] 埋头读书填补了他严重的社交缺陷，阅读和思考唤醒了他对外在社会的了解，同时也将他与外界隔绝开来。就读阿默斯特学院期间，他经历了两次精神崩溃，不得不回到伊利诺伊州的家中静养，过了很长一阵子足不出户的生活，毕业也因此推迟了一年。

华莱士从第二次试图自杀的精神崩溃中恢复过来后，他在给朋友的信中写道："重度抑郁的可怕症状之一，就是你既没法做任何事，又没法不做事。"[32] 这封信带着一种故作幽默的语气，但这份至关重要的洞察却勾勒出了他一生所面临的困境。

华莱士为什么会难以承受人生进程中突如其来的情绪压力呢？为什么会在面对野心、嫉妒、攀比、爱、恨、欲望时表现得如此脆弱？大二第一学期，他的哲学和英语课双双得了 A，他告诉朋友们他想"让父母都满意"[33]。但他并不是那种试图满足父母望子成龙苛刻标准的孩子。据我们所知，他的父母吉姆和萨莉·华莱士虽然鼓励他的求知欲和创造力，却并不会严格苛求。他们似乎偏向放养式教育，教导大卫从小培养生活与学习上的自主性和责任感。

但是正如弗洛伊德所说，我们心中所构筑的父母形象与真实的父母之间根本风马牛不相及。华莱士的母亲热衷文法，对英文语法标准要求严格，华莱士对此也抱有特殊的热情。这不是从母亲那里继承下来的负面影响，而是自我充实和快乐的显著源泉。但这也表明，孩子是多么容易认同父母的理想，甚至想要与父母就此竞争。

只要孩子觉得自己配得上父母的理想，这些理想往往就可以推动他在智力和创造性方面取得更大的成就；与之相反，如果孩子害怕达不到父母的要求，害怕自己无法"取悦父母"，他就很容易陷入无能和绝望的深渊。

华莱士自杀前曾向妻子坦言，他不知道为什么自己会在二十几岁时对父母充满了如此强烈的愤怒。所以，在人生的那10年中，他会那么激烈地与自己膨胀的创作野心，以及对扬名文坛既向往又害怕的情绪做斗争，也许并不是巧合。迫不及待地想要取悦父母，与极度害怕让他们失望、失去他们的喜爱似乎只有一线之隔——更不用说那份潜意识里超越他们的渴望和恐惧了。

正如精神分析学说所设想的那样，生命驱力几乎从我们呱呱坠地时起就向我们提出要求，要我们接触外界，获得爱的喜悦和满足。弗洛伊德将这种驱力称为"爱欲"（Eros），认为它是一种促进个体和物种繁衍发展的力量。爱欲是欲望的本源，也滋生出了嫉妒、竞争、渴望和贪婪——所有这些我们只要还具备生存意志就不得不忍受的动荡情感。

从华莱士不可一世的文学野心中，可以看出生命驱力在他身上施加了多么沉重的压力。得到他人的喜爱和崇拜——这份人人都有的欲望似乎毒害了他，他期望生活不要再苦苦折磨他，可以放他归于平静。在他以最具悲剧性的方式明确表达了这份不想再被打扰之心愿的几十年前，他已然在想象世界中埋下了无数可能性。

华莱士去世后，他的自杀逐渐被视为一段伤感的神话：他成了一位哲人作家，掌握着难得的人生智慧，亦是那个腐化堕落、愤世嫉俗的时代的殉道者。若是想要反驳大众对他的这种神化，你就很难不承认一个事实——正如评论家克里斯蒂安·洛伦兹（Christian Lorentzen）所观察到的那样，"是华莱士自己开创了这一风潮"[34]。

这要从他 2005 年在凯尼恩学院毕业典礼上发表的那篇著名演讲说起，10 多年来，华莱士的讲稿和演讲视频广为流传。他在世时创作的批判美国人专注力日渐丧失的 1 079 页史诗巨著让人望而却步，死后却凭借一篇仓促凑成的 22 分钟演讲而声名大噪，华莱士本人应该会很喜欢这个黑色幽默。

凯尼恩学院的这场演说，以及 2015 年的电影《旅行终点》（改编自大卫·利普斯基最初发表于《滚石》杂志的回忆作品《尽管到最后，你还是成为你自己》[35]，一字不差地记录了利普斯基在 5 天的新书全国宣传之旅中与华莱士的对话），让华莱士在当代读者的想象中化身心灵生活的指路明灯，一位面对周遭文化中的道德与精神腐化，始终保持完整人格与本真的英雄。

华莱士去世几个月后，他在凯尼恩学院的演讲很快被编成了一本精美的小册子出版，取名《生命中最简单又最困难的事》。它被摆放在连锁书店的收银台旁边，和口袋本东方智慧格言以及犹太幽默金句放在一起，鼓励读者冲动消费。不可否认，这本书非常适合这种营销方式。

自20世纪90年代中期以来，华莱士的大部分作品，无论是小说还是非虚构作品，都凝聚着一种浓厚的道德立场，他当时正在创作的《苍白的国王》尤其如此，但是小说和演讲有很大的不同。讲稿中抛出的那个问题，《苍白的国王》也翻来覆去地讨论了——如何在与我们的文化，甚至人类生活本身对立的孤独专注中活出意义？小说提供的答案层叠反复、自说自话，而且自相矛盾；而演讲似乎对此给出了非常直截了当的回答，就像从文学令人窒息的微妙与暧昧中跳脱出来一样令人备感快慰。

事实上，这篇演讲就像是一种对"暧昧不明"的否定、对"过度思考"这条死路的拒绝。华莱士想告诉那些入迷的听众，这就是学院派教育最大的问题，"至少就我而言，便是它会让人喜欢上过度推理，让人迷失于抽象思维之中，从而忽略了眼前之事*" 36。

---

* 译文引自龙彦、马磊译《生命中最简单又最困难的事》，北京时代华文书局，2015年，后同。——编者注

华莱士的演讲以两条小鱼的故事开场，它们从一条老鱼身边游过，老鱼问它们水里怎么样。过了一会儿，一条小鱼转向另一条问道："水是个什么玩意？"[37] 浑然不觉身处其中、赖以维生的环境，这条小鱼象征着我们没有察觉到眼前世界的基本事实。

演讲剩下的部分就是对这个故事的一再重复。它告诫我们要找到出路，走出以自我为中心的感知牢笼，摆脱我们下意识以自身利益偏好为标准做出回应的习惯。这种视角的转换会助长我们的同理心，让我们学会站在他人的不同角度看问题。

而意识在获得这样的提升后，也会对那些"真实世界"中最被看重的东西——美貌、金钱、权力、才华，对人们盲目崇拜这些事物提出质疑。"由人类、金钱和权力构建的'真实世界'，在恐惧、耻辱、挫败、渴望和自我崇拜的驱使下，一路高歌。"[38]

因此，演讲的主要论点并不稀奇，甚至是彻头彻尾的陈词滥调，关于这一点，没有人比华莱士自己说得更加透彻。他先发制人般地告诉我们，他将要阐述的观点根本就是"陈词滥调""人文学科的老生常谈"，是"最明显"[39]的东西。然而陈词滥调"也可能攸关生死"，这些显而易见的观点中潜藏的深刻奥义，才是他希望我们细心觉察的。

仔细阅读华莱士在凯尼恩学院的讲稿，你不禁会有一种感觉（至少对我来说是这样）：让演讲如此扣人心弦的，不是它平淡无奇的内容，而是演讲者本人难以忽视的一再介入。华莱士自始至终反复呼吁大家不要误认为他在说教——他并不是那条更具智慧的老鱼，也无意向听众宣扬"所谓美德"，更不是在给人上品德课。

我们可能会发现，华莱士的这种自谦正是圣贤书中最古老的修辞手法之一，看过苏格拉底谈话录的人都会了然于胸。但华莱士一再热切地强调这一点，显示出他其实被一种非常焦虑的自我意识所控制，而这种自我意识正是他想让我们逃避的。为什么这样一个推崇直率与真诚的人，会如此纠结于我们可能会给出的反应，不停抢先堵住我们的嘴呢？

也许是因为他需要让我们相信他的话；他并非高高在上地传授智慧，而是试图站在底端想象智慧的样子。他自己也明白，他为我们指明的那种正念专注、平和、具备怜悯心的状态，我们几乎很难达到。他最重要的建议，是要我们有意识地选择如何观看、如何思考，而这一点，也是他意识到自己无法做到的。

思维是"优秀的仆人，可怕的主人"[40]，这句话就像是华莱士不加掩饰的自我描述，正是因为这一点，它不再只是一句老掉牙的格言。读者不需要了解太多华莱士的生平和作品，就可以察觉得到他的这句话完全是从自己的内在经验出发，他明白思维可能会陷入自身思考的陷阱。

从这个角度看，这篇演讲与其说是一篇虔诚的布道，不如说是一种痛苦的自我谴责，孤注一掷地想要将自我与世界以一种不同的方式关联起来。这一点在讲稿的一个重要段落中再明显不过：华莱士想象了在拥挤的超市排队、被堵在车流之中，以及日常生活中的其他挫败体验。

若是遇到这些情况，我们的第一反应就是抱怨挡在我们前面的长龙，但这样做会让我们面临一道选择题。比较好的选择（即我们在正念意识和同理心的影响下做出的选择），就是认识到人群或车流是由不同的个体组成的，每个人都和我们一样着急回家，这就是华莱士敦促我们培养的反应。

然而，华莱士描述得更加生动的，是我们天生会做出的另一种选择（"我们天生的默认设置"）——我们会对他人的存在暴怒不已："这些挡路者都他妈的是谁啊？看看大多数在这里排队结账的人是多么可憎，一个个瞪着死鱼眼，蠢得像牛一般，完全不像活生生的人类；看看那些在队伍中间大声讲电话的人有多么讨厌和无礼。"[41]

读到这里，你很难不觉得，华莱士所描述的这些反应其实并不像他设想的那么普遍，也很难不注意到，他将重度抑郁的那种虚无绝望状态形容得有多么精准。他描述这些情绪，本意是呼吁大家宽容体谅，但无法掩盖的事实是，这段话暗示了他对"憎恶人性"的心理是多么熟悉。

我们与自身文化中重要人物的关系，很容易被一种理想化的冲动所影响，在华莱士的例子中，这种倾向更为复杂，关系之中既有串谋，又有抗拒。在《尽管到最后，你还是成为你自己》中，利普斯基记录的那些对话之下，潜藏着一条有趣的暗线：华莱士永远在试图纠正自己刚刚说出口，或者即将说出口的话，担心他的话会冒犯到《滚石》杂志的读者。还有另一件事可以证明华莱士总是在没完没了地自寻烦恼：他一直坚持自己是个"普通人"，却禁不住反复琢磨这种坚持究竟会被其他人看作真诚还是虚伪。

他在凯尼恩学院的那场演讲也以同样模棱两可的态度试探着听众的喜好。尽管他成功地引导了听众，让听众十分尊崇他难得的智慧，他却又在另一边泼自己冷水，希望听众发觉，他所谴责的那种自怨自艾的厌世情绪，其实他自己也没法摆脱。这场演讲表面上看是要让听众寻求内心平静，也一再打着这个旗号招揽听众，但有趣的是，它更像是一场华莱士对自己寻求内心平静深感绝望的隐晦坦白。

———————

这份如此飘忽不定、难以抓住的内心平静是华莱士人生和写作中长久的执念，这最突出地体现为他在生活和文学上与各种"瘾"的搏斗。

上瘾是一种将思维变成"可怕的主人"的模式，在这种情况下，身体和精神的依赖性摧毁了自我对于自由的信念。除此之外，《无尽的玩笑》将上瘾状态描绘成一种永恒的、焦虑的停滞，日常生活被缩小为一个密不透风的小房间，里面只有瘾君子和他的药物，他只能眼睁睁看着自己的生活逐渐崩溃。

华莱士以自己不久之前的经历作为素材，在《无尽的玩笑》里描绘了上瘾和戒瘾的文化。他在图森就读亚利桑那大学创意写作研究生课程时，在大麻的致幻迷离和酒精引发的麻痹中度

什么都想做，什么都不想做

过了很长一段时间，在戒烟戒酒和故态复萌之间来回摇摆，直到1989年4月搬到了波士顿。那年11月，他住进了麦克莱恩康复中心，6个星期后被转移到格拉纳达之家，这个过渡住所后来成了《无尽的玩笑》中恩里特戒毒戒酒中心的原型。

戒除烟酒瘾的过程耗尽了华莱士的情感和想象力，他甚至无法与文友会面。1990年，华莱士取消了与乔纳森·弗兰岑（Jonathan Franzen）的会面，并写信告诉他，觉得自己不配称为弗兰岑的文坛对手。"我只能告诉你，"华莱士写道，"就是……现在的我是一个可悲而困惑的年轻人，一个28岁的失败作家。"[42]"如此灼心地嫉妒着你"和其他年轻作家，因此自杀看起来是个"即便不会立刻进行，也相当合理的选择"。

他告诉弗兰岑，他曾经从写作中获得的成就感和"近乎性欲的快感"，现在都让位于创作上的无力感："过去这两年我已经哑了……其实不是哑，也不是失语症，更像是，对于我过去相信和熟悉的那些东西，我的思维迫切万分地想要表达，却被噩梦里那种张大嘴说不出话的感觉阻碍。"

谈到成瘾对大脑和神经系统造成的伤害，华莱士笔下的意象无疑伤痕累累。那种迫切地想要说话却又说不出口的焦急，就像是在演讲之中断了篇，是一种绝望而又无声的尖叫。这是怒火中烧导致的麻痹无力，它封闭了所有可以减轻或挽救症状的创作表达通道。

但是在《无尽的玩笑》中，华莱士打造了一种疏导上瘾创伤的独特媒介。小说中那些正在戒毒的瘾君子，都倡导着复兴一种"精神共同体"。《无尽的玩笑》中的恩里特戒毒戒酒中心，以及患者们参加的匿名戒酒会，都不仅仅是治疗药物滥用的机构，它们同时也是针对消费资本主义精神痼疾的一剂解药。马克斯告诉我们，华莱士有一本刘易斯·海德（Lewis Hyde）的《礼物》（1983 年版），华莱士在它的内页空白处潦草地写了这样一段话："匿名戒酒会成员 = 被商品 / 资本主义经济稀缺性吓疯了的人；需要回归一个属于 21 世纪的精神共同体。"[43]

在小说的一幕精彩情节中，"白旗匿名戒酒会"的成员们剖析了最底层上瘾者（"底层"）面临的致命困境："酗酒吸毒就像去做黑弥撒*，可你就是停不下来，哪怕你知道酒精和毒品其实已经无法再给你带来快感。就像大家说的，你完蛋了。你醉不了，也清醒不过来；你嗨不起来，也回不到常态。你被关在牢笼中，一个四处只能看到栅栏的牢笼。"[44]

正如华莱士书页边缘潦草的笔记所暗示的那样，上瘾就是消费主义的终点，它让那份原本只是蠢蠢欲动、想要得到自己没有的东西的渴望，变成了迫不及待的需要。"稀缺"成了一种致命的缺陷——我们竟无法获得那件能帮我们过活下去的东西。"稀缺"成了一种对"永远处于匮乏状态"的诅咒。这种神经衰弱的焦虑状态，与托马斯·德·昆西（Thomas De Quincey）或披头士那种吸食鸦片后的极乐幻境大相径庭。

《无尽的玩笑》的叙述者（在一段长得可怕的注释中，或者

---

* 黑弥撒：一种在弥撒后献祭动物以鼓励魔鬼的活动，是一种对撒旦的崇拜。——编者注

更准确地说，在一个注释的注释中）将被大麻钝化的无力思维，与鸦片或海洛因带来的诱人忘我之境进行了一番对比。瘾君子（波士顿黑话管这类人叫"鲍勃·霍普"）精神上每向前迈出一步，就马上会导致他后退一步，就好像他的思维运行机制被悄悄设定成了"卡在原地"："这并不是说鲍勃·霍普们对实际行动失去了兴趣，而是他们陷入了带有自反属性的迷宫之中，对一切抽象行动的可行性产生了怀疑，而从中脱身又会耗尽所有的注意力，这就使得他们虽然内心很想离开迷宫，表面上却迟钝冷漠，只会一动不动地坐在那里。"[45]

瘾君子用强迫自己清醒的方式让自己入睡，就像（借用华莱士回忆自己大学时代的话）"玩命学习让我生机勃勃，也同样让我死气沉沉"。在上瘾这件事上，华莱士似乎无法避免陷入同样危险的境地：引导他走向生机活力的路标，最终只会让他走向死气沉沉，他无休止地穿梭于这两极之间，"毒品无法麻醉打战的牙齿 / 蚕食着灵魂——"。

正如华莱士在 1990 年向弗兰岑证实的那样，当瘾君子最终走出那座迷宫时，他的心气已经彻底耗尽。苦苦探索虽然终于告一段落，却没了一丝挣扎的力气，因此很容易受到精神懈怠的诱惑。造成这种倦怠状态的终极元凶，不是毒品或其他任何镇静药物，而是电视。对华莱士来说，电视既是一种传播美国文化的特定媒介，也是美国文化最终衰落的象征。

华莱士在 1993 年告诉评论家拉里·麦卡弗里（Larry McCaffery），他从小就十分熟悉贪婪读书和"疯狂看电视"之间的"裂生体验"[46]，仿佛他的内心世界不可逆地分裂成了主动好奇和被动冷漠两个区域。多年后，他告诉利普斯基，电视的魅力在于它提供了"娱乐和刺激"[47]，而除了"最低限度的注意力"外，它别无所求。毒品可能会让人在现实世界中变得不活跃，但它会让大脑变成一个兴奋的、迷宫般抽象活动的中枢。从这个意义上说，电视是一种更有效的麻醉剂，近乎完美地迎合了"让生活和生活中所有工作停下来"的冲动。

或许这就是为什么，如马克斯所说，华莱士"在崩溃期间几乎黏在电视机前"[48]。每次精神崩溃，华莱士都会龟缩回那种漫长的迟钝状态，麻木放空，一言不发地盯着电视屏幕。这是"他最后的灵丹妙药"，一旦阅读、写作、性爱或毒品都无法让他提起精神，他就会用这一招撑下去。别忘了，电视是华莱士人生最后几个星期里的固定伴侣。

电视和死亡之间的紧密关联原来不仅仅是任人一笑了之的奇思妙想，而是华莱士作品和人生中一个永恒的主题。在发表于1993年的著名文章《电视与美国小说》中，华莱士再次提出了"一件事物既能唤起生机又能扼杀这种生机"的悖论。电视满足了我们逃到另一个世界、过上不同人生的渴望，同时又死死地把我们钉在自己的生活里。华莱士说，情景喜剧《家有阿福》的主人公——那个"肥胖、愤世嫉俗、颓废得出了名的玩偶*

---

* 《家有阿福》的主人公阿福由玩偶扮演，是一个全身金黄色、
毛茸茸、长得有点像猪的矮小外星人。——编者注

（很像史努比，也像加菲猫、巴特[*]和大头蛋[†]）建议我'多往嘴里塞东西，多看电视'"[49]。

所有这些懒散的卡通形象都让我们得以躲在"一种被动接受舒适、逃避、安慰的姿态"里，从而消除了工作带给身心的一切要求和压力。《所谓好玩的事，我再也不做了》可能是华莱士最广受读者喜爱的一篇文章，讲述了他在豪华游轮上度假的一周时光，它想要挖掘的，其实也是这份根深蒂固的幻想。

华莱士在文章中说，豪华游轮煞费苦心追求的目标，就是满足乘客们潜意识中最大的愿望：保持一种纯粹无瑕的满足状态。这有点类似于温尼科特口中我们婴儿时期无所不在的幻想——新生儿认为周围的世界会全天候满足他的一切需要；然而，温尼科特的重点在于，每个婴儿都必然会面临这个梦想最终破灭的命运。

从这个角度看，豪华游轮带来了一种有矫正疗效的情绪体验，它创造了一个封闭的时空，模仿理想中母亲体贴入微的关怀，却不会让人美梦落空。它唤醒了我们婴儿时期随心所欲的梦想，同时帮我们抵御着欲望和选择的痛苦折磨。身为瘾君子和电视迷，华莱士对这种幻想的魔力了如指掌，巴不得相信它

---

[*] 巴特：即巴特·辛普森，动画片《辛普森一家》中的角色，是辛普森夫妇10岁的儿子，淘气、叛逆、不尊重权威且言语尖刻。——编者注

[†] 大头蛋：动画片《瘪四与大头蛋》中的角色，和好朋友瘪四都是常看电视的高中生。他们品位低俗、爱傻笑，常常坐在电视机前进行一些白痴对话。——编者注

会变为现实："我当然愿意相信……我想要相信这个终极梦幻假期能把我宠得心满意足，想要相信这一场奢侈和快乐可以让我心中婴儿的那一部分彻彻底底称心如意。"[50]

但贯穿这篇文章始终的一个笑点在于，华莱士这个倒霉蛋没办法适应游轮强塞给他的舒适与乐趣。工作人员无处不在，在他需要的时候递上毛巾，在他离开房间的短暂间歇进去打扫。所有这些服务都让他感到不舒服，所以根本没法实现他想要达到的那种放松状态。

因此，在那部巨著杰作《无尽的玩笑》中，他想象了一种排山倒海而来的快感，强烈得可以压倒任何可能会出现的抵抗。小说有一条神神道道、迅猛推进的情节主线：魁北克一个激进的分裂组织在寻找一部电影的原版拷贝，这部电影《无尽的玩笑》是詹姆斯·奥林·因加登扎 ——一位 20 世纪末期的实验电影制作人最后的遗作，据传看过它的观众都会陷入狂喜的忘我境界中。

这部电影的第一位"受害者"是一名"中东医疗专员"[51]，一天晚上，他的妻子回到家时，发现他一动不动地瘫坐在自己的排泄物中，眼前是胶片放映机（华莱士对未来世界的想象，总是与过时的技术诡异地结合在一起）。她在这一片狼藉之中惊讶地发现，"他咧嘴笑着的脸上，带着一种积极、狂喜的安详"。

在魁北克特工杀手马拉塞与他在"北美国家组织"的接头人斯蒂普利的零散对话中，这部电影被当作美国社会绝症的集中体现，这种绝症就是美国社会在面对邪恶而致命的欢愉时毫无招架能力。斯蒂普利告诉马拉塞，加拿大有一个实验研究项目，旨在发现能够不断刺激"各种快感神经介质"[52]的方法。研究人员在鼠笼里安装了一个"自动刺激开关杆"，发现老鼠会"一遍又一遍地按压杠杆刺激自己的快感神经终端，一小时按上数千次……直到它们最终因脱水或疲惫死去"。

可以预见，这种刺激人类反应的快感机器会在地下黑市流通，从而催生出一个新的群体——一群快乐纵欲的僵尸，"两眼突出，流着口水，呻吟颤抖，失禁脱水。不工作，不消费，不交流，也不参与社群生活"[53]。

华莱士的反乌托邦想象，是他将自己最害怕迎来的个人命运放大到了极致。他自己"不工作"的经验，带来的并不是欣喜若狂的自由，而是残酷地将身心掏空的体验。斯蒂普利对快感机器上瘾后身心俱废的惨状，读来就是华莱士自己精神崩溃后长期瘫坐在电视机前的夸张呈现。

华莱士在凯尼恩学院那场演讲中对听众的诚心劝诫，还有他后来在许多采访中对这些观点的一再重申，并不是一种廉价的伪善，"在成人世界里始终保持清醒和活力"[54]正表达出了他对于回到那种饱受创伤的冷漠状态的恐惧。这或许可以解释为何除了文人都有的那种脾气外，华莱士从未染上许多同时代作家空洞无力的叙述笔调。值得注意的是，华莱士长期以来的死对头布莱特·伊斯顿·埃利斯（Brett Easton Ellis）2012年还在推特上痛斥这位已故的同侪是"我这代作家中最惹人烦、最被高估、最无病呻吟且自命不凡的"[55]。

不难看出，除了对华莱士死后被奉为文学宗师愤愤不平外，埃利斯认为华莱士的作品烦人且自命不凡，其实还有另一个原因：华莱士的文字有一种刻意的狂热，更不用说那种神经过敏、冗长啰唆了，这些都是与埃利斯极力主张的极简文风截然相反的特质。

但他们二人的差异其实并不像表面上这么简单。虽然华莱士作品的叙述风格和结构与埃利斯肆无忌惮的表达大相径庭，但他的作品有一种独特的倦怠气质。就像林克莱特的电影所表现出来的那样，这种倦怠不是无聊乏味的声调，而是游手好闲的气质。华莱士的很多句子都以"不过但是呢"（And but so）开头，这种连词混用的不协调，其实模仿了游手好闲者故作洒脱的口吻。《都市浪人》中的角色经常用拖拖拉拉的腔调来表达他们这类人特有的懒散，似乎对清楚表达自己所思所想根本不上心。

普鲁斯特也会写由一大串关联从句构成的夸张长句，但他与华莱士的相似之处仅止于此。对比两人的鲜明差异会给人很大启发。在普鲁斯特的"通感"写法中，句中第一个对象会在第二个对象那里找到通感，接着又呼应到了另一个对象上，整个句子因此成了一张各种思想感觉融合的错综精妙的网络。

华莱士的长句没那么难理解。句子之所以那么长，是因为作者那双观察的眼睛似乎并不想做出选择、并列或区分，只是简单地把事情一件接一件记录下来，不去管什么是重要的，什么是不重要的。举个例子，《无尽的玩笑》头几段写了这样一个情节，瘾君子肯·埃德迪正等着毒贩上门接头：

> 他上一次联系那位挪用艺术家，也就是以前和他
> 发生过关系的那位，也就是做爱的时候在他身下发出
> 各种声音，同时左手还拿着小瓶子往空中喷香水一类
> 的东西，让他感到一股冷雾落在肩背，激得他打了寒
> 战，搞得他很不舒服的那位。他们之间的最后一次联
> 系是他带着她给的大麻找到藏身之处后，她寄来了一
> 张卡片，卡片拼合了许多图案，上面有一块写有"欢
> 迎"字样的绿色塑料草皮门垫，旁边有一张她后海湾
> 画廊里一名挪用艺术家讨喜的宣传照。这两幅图像之
> 间画有一个不等号——在等号上画了一条斜线，此外
> 还有一句脏话，他认为是针对他的，用红色油性笔大
> 写在卡片最底下，结尾还加了好多个感叹号。[56]

这位"挪用艺术家"后来再未在书中出现。她和埃德迪上
床一事可能无足轻重，从小瓶子中喷出的香水就更不值一提了。
我们需要知道她是用哪只手握着小瓶子的吗？细节的积累并没
有起到搭建场景的作用，反而抛洒着场景中的元素，分散了我
们的注意力。

普鲁斯特的多重通感加深了我们对场景重心的感知，而华
莱士将场景中不同元素打散的做法，让我们不确定该把注意力
放在哪里。因为凝聚在句子中的奇特图像其实只是虚晃一枪，

对整个故事的推进毫无帮助（事实上，"虚晃一枪"这个词本身就具有误导性，你可以说它本身就是"虚晃一枪"——它假定了一种根本不存在的、向前推进的叙事效果），反而加重了我们阅读时的茫然。这种焦点的散乱就是游手好闲者的话让我们又好气又好笑的关键——鼓励着我们一会儿看看这儿，一会儿看看那儿，却没有告诉我们到底要做什么。散乱的焦点不会在繁复的事实上叠床架屋，它邀我们从事件本身之中获得乐趣（而不是因为这件事告诉了我们什么，或是帮我们达成了什么，我们才会得到乐趣）。

一个引人注目的悖论是，赋予华莱士的句子火热能量的，是一个明显缺乏活力和激情的声音。

这就好像思维活动（组织、分类、引导）一旦被简化，作者的声音便终于能化为无拘无束的洞见，就像华莱士的编辑迈克尔·皮奇（Michael Pietsch）在华莱士死后所说的那样，这是一种"同时在所有层面上看到所有东西"[57]的能力。或者用他以前一个学生的话来说，华莱士是一台"洞察机器"[58]。

华莱士通过写作，将这一悖论玩得出神入化：把内心的游手好闲转化为一种不受约束的创造力；但他也在许多其他形式的活动中发现了这个悖论——最显而易见的是打网球。他年轻时球技很好，达到了竞赛水平，还写过一些谈论网球的绝妙文章（打网球也构成了《无尽的玩笑》中的一条情节主线）。

在1992年的文章《旋风谷的衍生运动》中，他讲述了自己还是个孩子的时候，是如何应对伊利诺伊州中部难以预测的强风气候，并将这种恶劣天气变为比赛时的优势的，他称之为"我无为而为的道家本事"[59]。他 2006 年那篇关于罗杰·费德勒的精彩文章《亦人亦神的费德勒》，把我们这个时代最伟大球员的内心世界描述为纯粹的无意识。费德勒那一贯正确无误的反射动作是消除了思维负累之后的结果，一种身心的难得契合让"他呈现出自己最佳的样貌（我认为的）：一个既有血肉之躯，又在某种程度上来说轻盈无比的物种*"[60]。

这种打网球的至高境界给"不工作"一词带来了意想不到的全新意蕴；费德勒超凡脱俗的体育技能与他身心的轻盈相呼应，他奇迹般地从身体和精神的重负中解脱出来获得了自由，而我们这些人却只能笨拙地拖着沉重的脚步。华莱士多次回忆说，他自己的网球生涯之所以结束，就是因为他无法摆脱自我意识，尤其是在最关键的时刻无法摆脱思考带来的干扰。

这就是我们其他人，我们这些不是费德勒的人的宿命。我们被困于一个令人失望的现实世界中：只有"血肉之躯"，没有"轻盈无比"。我们没法违抗地心引力，没法轻轻松松地做到不可能之事。当我们工作的时候，地心引力就显现在我们紧张的面容和肢体上，显露在笨拙、平庸，抑或差强人意的结果上。我们变得疲惫、沮丧、无聊，不得不日复一日地忍受，这种忍

---

* 引文摘自林晓筱译《弦理论》，湖南文艺出版社，2020 年。——
编者注

受既平凡又"困难得不可想象"（再次引用华莱士在凯尼恩学院演讲中的话）。对华莱士来说，这无疑是难以承受的困难，就像他在9月那个夜晚如此残忍地向世界宣布的那样。

――――――――――

那晚自杀之前的几个小时里，华莱士确保世人可以知道他的确想象过另一条出路，即便他无法真的迈出脚步。就在他放弃那条出路（连同其他一切）的时候，《苍白的国王》已经用一系列松散的章节，讲述了一群美国国税局雇员诡异孤独的内心世界。他们每一个人的日常生活都变成了无休无止的单调嗡鸣，他们得各自想办法忍受这一切，说不定还得认同这一切。

坦率地说，小说人物所面对的棘手难题听起来很像华莱士在凯尼恩学院的演讲里提到的情况。不过，他在演讲中把解决办法化为了一套精简的指示，而在《苍白的国王》里，他用一种既平凡又高深的方式，让这份肩负日常生活重担的重任，变成了近乎带有神学特质的神秘难题。

小说里没有哪个人物比高阶税务课程的代课老师更能生动地传达出这份神秘感。小说的主线是叙述者克里斯·福格尔漫长的个人回忆，而那堂税务课是他在偶然间闯进来的。福格尔感知到了代课老师身上的神秘气质，那时的他还是一个不谙世事、浑浑噩噩的败家子，大学时代几乎一直耗在电视机前，他发现代课老师的"漠然"与他自己的那种"漠然"截然不同："他（代课老师）看起来十分漠然——不是那种虚无缥缈的漠然，而是一种安稳自信的漠然。"[61] 福格尔正是从这位代课老师那里听到了改变他一生的至理名言："真正的勇气就是在狭小的空间中时刻忍受乏味。"[62]

福格尔在选择工作还是继续读书之间无精打采地犹豫了好多年，这两件事情对他来说，没有哪件更紧迫或者更有意义。摆在他面前的两组岔路只是让他疲惫倦怠。他呆坐在电视机前，怔怔地看着午间肥皂剧，突然恍然大悟："我随波逐流，然后半途而废，因为没有什么事情对我来说是有意义的，没有哪一个是真正更好的选择。在某种程度上，我太自由了，或者说这种自由并不是实际上的自由——我可以自由选择'任何东西'，只是因为选什么并不重要。"[63]

福格尔的故事，讲述了他从自己的漠然中慢慢觉醒，又将之转变为代课老师那种更加肯定的漠然。令人惊讶的是，这种转变的起点竟是毒品偏好，他从吸大麻改为服用一种安非他命类的处方药"懊百错"。懊百错带来了一种被福格尔称为"分身"的全新自我意识，使得他每时每刻体验的各种经历变得清晰锐化，"尽管这种感觉转瞬即逝，却是一种从我恍惚人生中抽离出来的感觉"[64]。

"分身"不是靠突然迸发的能量和积极进取的精神战胜倦怠无力，它靠的是一种更神秘费解的东西：倦怠无力感发生了内在转变，在这一刻的倦怠乏味中注入了突如其来的充实饱满。固定流程、单调和沉闷等"重力"，会把生活拉入永无出头之日的自我压抑与冷漠之中，但是，正如代课老师所说，这恰恰是税务审查这项恼人无趣的工作的潜力所在，它可以让人"成为真正的英雄，因而……是超乎你们任何人想象的无与伦比的喜乐"[65]。

乔纳森·弗兰岑在2011年为《纽约客》撰写的一篇文章中提出了一种残酷的假设，即华莱士或许"死于无聊"。长久以来，小说写作一直是华莱士逃出痛苦孤独牢笼的途径，是他与外部世界建立纽带的姿态。小说就是华莱士的懊百错，让他从自己孤立的存在中"分身"，将他深藏的虚无漠然转化为一种脆弱的肯定。

但这根救命稻草始终太过脆弱了。像弗兰岑所说，如果小说都救不了华莱士，那么他缓解孤独的原初希望，以及随着这份清醒而来的蚀骨空虚，都将彻底化为虚无。弗兰岑写道："当凭借写小说自救的希望破灭时，他别无选择，只有走上死路。如果厌倦是毒瘾种子发芽的沃土，如果自杀与成瘾有着相同的现象和目的论意义，那么说大卫'死于无聊'大概也是合理的。"[66]

弗兰岑的这两个"如果"，其实都是太过宏大的假设，而对于朋友死因的猜测，往往会激起死者亲友的痛苦和愤怒。然而，我总觉得9月的那个夜晚，当华莱士残忍地抛弃了希望后，他留给妻子的那幅一边是天棚、一边是车库的画面，似乎印证了弗兰岑的一些说法。

弗兰兹·卡夫卡曾对他的朋友马克斯·勃罗德说过这样一句名言："希望是有的，但我们没有。"[67]华莱士在自家天棚里证明了后面这半句话；对他来说，人生已经行不通了。但他没有像卡夫卡交代勃罗德做的那样，叫妻子烧掉他未出版的作品。相反，他留下了一本未完成的小说——将这本书留给了她和整个世界，一同留下的还有那个悬而未决的问题：就算不是给我的，这世上真有希望吗？

结 语

　　这本书大胆而语气确凿的副标题"我们为何要停下来"[*]回避了一个显而易见的问题：停下来做什么？我们总是把"停"看作及物动词，这意味着"停"只能与特定的活动或实在的对象联系起来——比如吸烟、脱欧、在新年立下的目标或是政治议程。

　　但是"停"也可以被视为不及物动词，没有作为对象的直接宾语。这样一来，它的意思就有了转变。"停"不再意味着中止我们不喜欢或明知对自己不利的事情，而是一种选择。

　　在我们的文化中，日常生活被"不停奔命"和"不停分心"这两种强烈的欲望主导。时间的空当必须被某些东西填满，随便做点什么都好。即使是决定停止吸烟或停止减肥，也会将我们的目标从"不做某事"变成"必须要做某事"（事实上，我们还会停不下来、焦虑不安地做）。被视作及物动词的"停"（"我必须停止周末一觉睡到10点的习惯，早点去健身房"）只不过

---

[*]　本书英文原名为 "Not Working: Why We Have to Stop"（不工作——我们为何要停下来）。——编者注

是一种不断添加待办事项的方式罢了。

而作为不及物动词的"停"（不是对"做这件或那件事"说不，而是纯粹停下来），是一份独立自主的宣言，一种默默反抗着"行动"霸权的行为。但这样说又会带来一个显而易见的矛盾——"停"怎么可能是一种行为呢？要怎么解释我们什么都不做的时候，其实也是在做事？

"停"是一切有意义行动的必要条件。我们对此心知肚明，才会将那些不经大脑、机械和盲目的行为（或言论）描述为"停不下来的"。正如我试图表明的那样，"漫无目的"可以帮助我们停下来，问问自己想要去哪里、想要做什么，这在无意中培养了我们创作的自由。盲目的行动则带有纯粹贬义的"漫无目的"，它只会无休止地延续下去，将新意或惊喜挡在外面。金霸王电池广告中的兔子是我们文化的象征，因为无论是它自己还是我们，都无法想象它会停下来——这意味着我们无法想象它会做其他任何事情。

"我们要停下来"应该同时被当作一种描述和一种命令。作为一种描述，它指向了我们精神和生理结构的基本事实。作为一个生物体，人类既会说"是"，也会说"不"；既愿意休息，也喜欢运动；既能够单纯地存在，也能够成为行动的生物。当我们感到疲劳、痛苦和冷漠时，身心就会设法提醒我们这一点。

美国文化评论家马克·格雷夫（Mark Greif）曾写过一篇关于我们超负荷神经系统的论文，这种超负荷，正是他所谓当代文化中"无处不在的戏剧"所压迫的结果——不仅限于午夜新闻报道中的种种人间惨剧，还有我们疯狂追看的电视剧，这些行为不禁让我们想到饮食失调症患者的暴饮暴食。这种"强烈刺激"的泛滥，非但没有锐化我们的感受力，反而带来了格雷夫所说的"无感"："观看太多'强烈的体验'，就会进入一种放松休闲的状态，在这种极其放松柔软的氛围中，人会在电视机前'化为植物'。"[1]

这就引出了"停"的第二重意思——一种命令。盲目的行动和分心会使我们的人生贫瘠枯竭，将其变成一场试图终结刺激与情绪狂轰滥炸的永恒征途。这些刺激训练我们，教我们该怎样通过让自己的一部分死去而活着。而"停"是我们感受到自己活着的关键。

然而，停止很困难，甚至很危险。蛰居族就是一个极端的例子。对他们来说，"停"就是目的本身，令他们困于虽生犹死的境地。而另一种极端则是公司高管安排在忙碌工作日午休时段的正念课程和减压池体验活动，似乎"停"只是确保工作机器长期高效运转的一种方式。

这两个极端的例子都在提醒我们，"停"的真正价值就在于培养内心自由。蛰居族把自己封闭在卧室，因为在他们看来，所有离开房间的路通向的都是其他或许更难逃脱的牢笼。公司高管在减压池中度过午休时段，因为这能让他暂时抛开白天的重重压力。一个是长期退缩，一个是短暂的逃避，但二者都带有一种孤注一掷、再无他法的绝望。

在这种选择受限的语境之下，"全民基本收入"这一概念便应运而生。这种由政府不经审查、无条件提供的维生津贴，可以让"停"不仅仅只是一种抵抗社会和经济压力的被动姿态。它解除了生存基本需求的束缚，因而成为我们迈向自由的一步。如果基本的生存需求可以松绑，我们就可以不再只是因为害怕得不敢动，或是累得动不了而停下；我们停下，是为了发掘自己想要去做什么事、想要成为什么样的人。

这并不排除我们最后还是想要选择努力工作，为了自己和他人去追求世俗的成就和欲望；但即使是努力工作的人生，如果知道自己可以在需要暂停时停下来，我们过起来也会有不一样的感受。

我写这本书并非为了宣扬某些政策。想要打破我们文化对强制劳动的控制，光是提供给民众一份基本收入保障可远远不够。全民基本收入是个看起来不错的概念，因为它面对工作稀缺、大规模机械化的具体问题，给了我们一种跳脱出科技主义的解决方案，并要求我们着手处理更根本的问题：人是什么？人生何为？这些都是盲目工作、终日奔忙的人永远没有机会停下来思考的问题。

学校和高等教育机构理应是帮我们问出这些问题的地方，然而，我们的教育体系已经被"量化成就"的焦虑绑架，抹消了任何反思的空间。近年来，甚至有人提议，对读写和算术能力的考量应从儿童两岁时就开始。而在教育体系的另一端，社会又鼓励那些背负着巨大贷款压力的学生将文凭看作获取多种技能的途径，以便在日渐萎缩的劳动力市场站稳脚跟。介于这两个极端之间的，则是对"核心学科"没完没了的考核测验，同时将文学艺术边缘化，甚至排除在教育体系之外——事实上，是排除了所有让我们不仅仅将生活看作获取成就和维持温饱的学科（哲学、神学、政治）。

弗洛伊德在《文明及其不满》中指出，个人和群体之间的诉求冲突是不可避免的，也是无法调和的；个人欲望的追求永远不可能与集体法律及公约的执行相协调。这种冲突的结果就是一个被普遍的自我憎恨所淹没的社会，迫使我们对自己的愿望和冲动越来越苛刻自责。弗洛伊德这番发表于法西斯主义崛起之时的言论，最终在冷酷的现实中得到了验证。

这场针对自我的战争延续到了今天，体现为我们总是对自己想要"停下来"的需求感到内疚。要挑战"将人生视为连续工作"的观念，我们就需要想象一种被弗洛伊德忽略的可能性：集体需求和个人欲望有时可能会趋同。

鲜少有政治文章比奥斯卡·王尔德和 19 世纪伟大的美国自然主义作家亨利·大卫·梭罗的政论更能引起我的共鸣。他俩无论如何，都算不上什么正经的政治理论家。事实上，他们共同的观点是：最好的生活就是政治最少介入的生活，在这种生活中，社会正义的首要及唯一目标就是每个人都可以成为他自己。王尔德的俏皮话中往往潜藏着严肃的观点，他有句著名

什么都想做，什么都不想做

的妙语也是如此："社会主义的问题就是它占用了太多的晚上。"如果把法律正义、政治正义和经济正义的目标从"什么让人生更有意义"这个问题中分离出来，那么这些目标也不过只是冗长无趣清单上的待办事项罢了。

1862 年，梭罗在他著名的文章《没有原则的生活》中，哀叹他的美国同胞往往将人的价值等同于物质生产力。"我看到广告说要招聘朝气蓬勃的年轻人，"他写道，"就好像'朝气蓬勃'是年轻人全部的资本。"[2] 年轻人更容易为了几个钱去做苦差，只是因为他们从小就被教导，要将自己朝气蓬勃的那部分看成自我的全部。

梭罗鼓励我们去想象，如果打破了"将自己视为工作的生物，将世界视为'生意场'"的观念，对我们来说意味着什么："我认为没有任何事情，甚至是犯罪，比永无休止地工作更与诗歌、哲学，唉，还有生活背道而驰。"[3] 面对这种工作上的棘手压力，漫无目的的游荡、对行动和目标的偏离、"摆脱所有世俗的束缚"（对梭罗而言，就是花上半天时间在树林里散步）就成了紧迫的政治和生存要务，一种保全"生存本身"的方式。梭罗写道："如果做事只是为了赚钱，这只会使自己活得空虚甚至更糟。"[4]

我在这本书中屡次提及艺术和艺术家，是因为他们将种种在我们看来没有目标的生活过得那么有趣，但我希望自己也已经证明，这种状态并非艺术家的专利，它可以在散步时、在窗前凝望时、在谈话间抑或在沉默中体会。这种漫无目的，与潜藏在我们灵魂深处、未被我们体认的"不工作"的需求，是如此契合。

　　认识到了这份需求，我们就能从如今过劳人生常常陷入的无尽循环中瞥到出路，进入一种我们未曾认识的人生和世界。一旦意识到自己必须停下来，我们或许就会立刻发现，我们想要的也就是这个。

注 释

引 言

1. 弗洛伊德在《超越唯乐原则》（1920）中提出了这个观点，并且终其一生不断对它进行补充和完善。参见 *The Standard Edition of the Complete Psychological Works of Sigmund Freud*, trans.and ed. J. Strachey, Volume 18 (London: Vintage, 2001)。

2. David Frayne, *The Refusal of Work* (London: Zed Books, 2015), p. 16.

3. 弗洛伊德在他 1914 年一篇论文的结尾引出了这个观念（"On Narcissism: An Introduction", *Standard Edition*, Volume14, pp. 93–101）。此词一度与他近十年后提出的"超我"相混淆。

4. Frayne, *Refusal*, p. 77.

5. 苏格拉底针对艺术虚假无用性的著名指责见 *The Republic*, trans.D. Lee (London: Penguin, 1986) 第 10 卷，427—428 页。

6. Oscar Wilde, "The Critic As Artist", The Major Works, ed. I. Murray (Oxford: OUP, 2010), p. 277. 王尔德接下来说："我们可以通过脱离行动而使自身富有灵性，通过拒绝努力而变得完美。"

7. Maurice Blanchot, *The Space of Literature*, trans. A. Smock (Lincoln, NE: University of Nebraska Press, 1989), p. 213.

8. 阿多诺在很多地方都表述过这个观点，在他的论文 "Commitment"，*Notes to Literature Volume 2*, trans. S. W. Nicholsen (New York: Columbia University Press, 1992) 中表述得最为明晰。

9. Blanchot, *Space*, p. 219.

10. Ibid., p. 220.

11. Wilde, "Critic", p. 274.

12. Alain Ehrenberg, *The Weariness of the Self: Diagnosing the History of Depression in the Contemporary Age*, trans. E. Caouette, J. Homel, D. Homel and D. Winkler (Montreal: McGill-Queens University Press, 2010), p. 22.

13. Emmanuel Levinas, "Reality and Its Shadow", *Collected Philosophical Papers*, trans.

A.Lingis (Pittsburgh: Duquesne University Press, 1998), p. 9.

14. Ibid., p. 10.

15. 施纳贝尔对艾敏的采访见 2006 年 1 月发行的《采访》(*Interview*) 杂志。

16. 2 Thessalonians 3:10, *The New Testament in Modern English*, trans. J. B. Phillips (London: Harper Collins, 1972), p. 434.

17. Max Weber, *The Protestant Ethic and the "Spirit" of Capitalism* (1895), trans. P. Baehr and G. C. Wells (London: Penguin, 2002), p. 106.

18. Ibid., p. 178.

19. Ibid., p. 106.

20. 引自 Ehrenberg, *Weariness*, p. 32, 原引自比尔德的论著 "Neurasthenia, or Nervous Exhaustion", *The Boston Medical and Surgical Journal*, 29 April 1869。

21. Nick Srnicek and Alex Williams, *Inventing the Future: Post-Capitalism and a World Without Work* (London: Verso, 2016), p. 64.

22. Sigmund Freud, *Civilization and Its Discontents, Standard Edition*, Volume 21, p. 80.

23. Sigmund Freud, "Creative Writers and Daydreaming", *Standard Edition*, Volume 9.

24. 在伊卡洛斯故事的众多版本中，奥维德《变形记》第八卷中的描述无疑最为精彩。

第一章　倦怠者

1. Friedrich Nietzsche, "On the Uses and Disadvantages of History for Life" (1874), *Untimely Meditations*, trans. R. J. Hollingdale (Cambridge, CUP, 1997), p. 60.

2. 弗洛伊德在他 1925 年的论文《论否定》("Negation") 中提出了 "判断是自我构成要素" 的观点，*The Standard Edition of the Complete Psychological Works of Sigmund Freud*, trans. and ed. J. Strachey, Volume 19 (London: Vintage, 2001), p. 237。

3. Graham Greene, *A Burnt-Out Case* (1961) (London: Vintage, 2004), p. 42. 格林这篇小说的叙述者提到了奎利对自己生活的微弱兴趣，"他麻木无力地生活了那么久，现在就连对什么产生了'兴趣'，也只是带着医生诊断病情那种疏离的态度观察"（p. 48）。

4. Anna Katharina Schaffner, *Exhaustion: A History* (New York: Columbia University Press, 2016), p. 33.

5. J.- K . Huysmans, *Against Nature*, trans. R.Baldick (London: Penguin, 2004), p. 63.

6. 弗洛伊德在《超越唯乐原则》中引用了洛的观点，*Standard Edition*, Volume 18, p. 56。

7. John Keats, "Ode on Indolence", *The Complete Poems*, ed. J. Barnard (London: Penguin, 1977), pp. 349–51.

8. Piera Aulagnier, *The Violence of Interpretation: From Pictogram to Statement*, trans. A. Sheridan (London: Routledge, 2001), p. 17. 奥拉尼耶把这种自相矛盾的冲动称为 "心灵功能的奇耻大辱"。

9. Kamo no Chōmei, *Hōjōki* (1210), Kenko and Cho-mei, *Essays in Idleness* and *Hōjōki*, trans. M. McKinney (London: Penguin, 2013), p. 12.

10. Ibid., p. 18.

11. Franco Berardi, *The Soul at Work: From Alienation to Autonomy*, trans. J. Smith (New York: Semiotexte, 2009), p. 108.

12. Renata Salecl, *The Tyranny of Choice* (London: Profile, 2011).

13. Herman Melville, "Bartleby, the Scrivener" (1853), *Billy Budd and Other Stories* (New York: Signet, 1961), p. 128.

14. Ibid., p. 104.

15. Ibid., p. 111.

16. Ibid., p. 112.

17. Ibid., p. 134.

18. Melville, letter to Nathaniel Hawthorne, 1851, 引自 Cindy Weinstein, "Artist at Work: *Redburn, White-Jacket, Moby-Dick* and *Pierre*", in W. Kelly (ed.), *A Companion to Herman Melville* (New York: Wiley-Blackwell, 2015), p. 386。

19. Melville, "Bartleby, the Scrivener", p. 109.

20. 特罗尼克在 *The Neurobehavioral and Social-Emotional Development of Children* (New York: W. W. Norton, 2007) 中描述了详细的实验过程。

21. Melville, "Bartleby, the Scrivener", p. 140.

22. Diogenes Laertius, "Pyrrho", in *Lives of the Eminent Philosophers*, trans. C. D. Yonge (London: H.G. Bohn, 1853), p. 402.

23. Ibid., p. 404.

24. Ibid., p. 405.

25. Ibid., p. 415.

26. Ibid., p. 420.

27. Ivor Southwood, *Non-Stop Inertia* (Alresford, Hants: Zero Books, 2010), p. 44.

28. Michael Zielenziger, *Shutting Out the Sun: How Japan Created Its Own Lost Generation* (New York: Vintage, 2007).

29. Saitō Tamaki, *Hikikomori: Adolescence Without End*, trans. J. Angles (Minneapolis: Minnesota University Press, 2013), p. 48.

30. 这个短语出现在弗洛伊德《论自恋》的结尾, *Standard Edition*, Volume 14, p. 91。弗洛伊德的英文翻译詹姆斯·斯特雷奇（James Strachey）在脚注中推测，这个短语可能来自爱德华时期的一幅同名漫画，画中展现"两名伦敦警察拦住车流和行人，让一名保姆推着婴儿车过马路"。

31. Byung-Chul Han, *The Burnout Society*, trans. E. Butler (Stanford: Stanford University Press, 2015), pp. 39–40.

32. Victor Bockris, *The Life and Death of Andy Warhol* (London: Fourth Estate, 1998), p. 88.

33. Andy Warhol, *The Philosophy of Andy Warhol: From A to B and Back Again* (1975) (London: Penguin, 2007), p. 21.

34. Bockris, *Life and Death*, p. 46.

35. Brian Dillon, *Tormented Hope: Nine Hypochondriac Lives* (London: Penguin, 2010), p. 265.

36. Bockris, *Life and Death*, p. 170.

37. Warhol, *Philosophy*, p. 149.

38. Andy Warhol with Pat Hackett, *POPism: The Warhol Sixties* (London: Penguin, 2007), pp. 51–2.

39. Bockris, *Life and Death*, p. 217.

40. Ibid., p. 69.

41. Ibid., p. 163.

42. Ibid., p. 185.

43. Warhol, *Philosophy*, p. 44.

44. Ibid., p. 46.

45. Bockris, *Life and Death*, p. 185.

46. Warhol, *Philosophy*, p. 46.

47. Bockris, *Life and Death*, p. 93.

48. Warhol, *Philosophy*, p. 26.

49. Ibid., p. 111.

50. Wayne Koestenbaum, *Andy Warhol: A Biography* (New York: Open Road Media, 2015), pp. 47–8.

51. Bockris, *Life and Death*, p. 205.

52. Ibid., p. 208.

53. Ibid., p. 209.

54. Ibid., p. 222.

55. Ibid., p. 230.

56. Ibid., p. 236.

57. Ibid., p. 317.

58. Ibid., p. 438.

59. Koestenbaum, *Andy Warhol*, p. 149.

60. Warhol, *Philosophy*, p. 96.

61. Bockris, *Life and Death*, p. 264.

62. Koestenbaum, *Andy Warhol*, p. 30.

63. Ibid., p. 30.

64. Sigmund Freud, "A Metapsychological Supplement to the Theory of Dreams", *The Standard Edition of the Complete Psychological Works of Sigmund Freud*, trans. and ed. J. Strachey, Volume 14 (London: Vintage, 2001), p. 223.

65. Bockris, *Life and Death*, p. 163.

66. Warhol, *Philosophy*, p. 149.

67. Bockris, *Life and Death*, p. 390.

第二章　懒虫

1. Arthur Schopenhauer, *Essays and Aphorism*, trans. R. J. Hollingdale (London: Penguin, 1976), p. 166.
2. Georges Bataille, "The Big Toe", *Visions of Excess: Selected Writings 1927–1939*, trans. A. Stoekl (Minneapolis: University of Minnesota Press, 1985), p. 20.
3. Georges Bataille, "The Solar Anus", ibid., p. 7.
4. Herman Melville, "Bartleby, the Scrivener" (1853), *Billy Budd and Other Stories* (New York: Signet,1961), p. 115.
5. James Boswell, *Life of Johnson* (1791), ed. R. W. Chapman (Oxford: OUP, 2008), p. 333.
6. Sigmund Freud, *Civilization and Its Discontents, The Standard Edition of the Complete Psychological Works of Sigmund Freud*, trans. and ed. J. Strachey, Volume 21(London: Vintage, 2001), p. 101.
7. Ibid., p. 108.
8. 弗洛伊德在 *Three Essays on the Theory of Sexuality, Standard Edition*, Volume 7 的第一篇中详细剖析了性变态现象。
9. Sigmund Freud, *Civilization and Its Discontents, Standard Edition*, Volume 21, p. 108.
10. 斯特雷奇将弗洛伊德的德语原词 "Trägheit" 翻译成了 "惰性" 和 "迟钝"。
11. D. W. Winnicott, "Creativityand Its Origins", *Playing and Reality* (London: Routledge, 1971), p. 80.
12. Jonathan Lear, *Happiness, Death, and the Remainder of Life* (Cambridge, MA: Harvard University Press, 2002), p. 80.
13. Jonathan Crary, *24/7: Late Capitalism and the Ends of Sleep* (London: Verso, 2014), p. 13.
14. Ivan Goncharov, *Oblomov* (1859), trans. D. Magarshack (London: Penguin, 2005), p. 14.
15. Ibid., p. 119.
16. Ibid., p. 22.
17. Sigmund Freud, "Formulations on the Two Principles of Mental Functioning", *Standard Edition*, Volume 12.
18. Pierre Saint-Amand, *The Pursuit of Laziness: An Idle Interpretation of the Enlightenment*, trans. J. C. Gage (Princeton: Princeton University Press, 2011), p. 2.
19. Ibid., p. 3.
20. Denis Diderot, *Jacques the Fatalist* (1796), trans. D. Coward (Oxford: OUP, 2008).
21. Denis Diderot, *Rameau's Nephew* (1805), trans. L. Tancock (London: Penguin, 1976), p. 23.
22. Ibid., p. 123.
23. Ibid., p. 64.
24. Ibid., p. 65.
25. Ibid., p. 70.

26. Schopenhauer, *Essays*, p. 61.

27. Maurice Blanchot, "Literature and the Right to Death", trans. L. Davis, *The Work of Fire* (Stanford: Stanford University Press, 1995).

28. 巴塔耶写道，"至尊者"的主权"以一种至高无上的方式驱使他去做大生意，去无意义地消费"。*The Accursed Share*, Volume 1, trans. R. Hurley (Cambridge, MA: Zone Books, 1991), p. 23.

29. David Thomson, *Rosebud: The Story of Orson Welles* (London: Vintage, 1996), p. 400.

30. Simon Callow, *Orson Welles, Volume 3: One-Man Band* (London: Vintage, 2015), p. 59.

31. Simon Callow, *Orson Welles, Volume 2: Hello Americans* (London: Vintage, 2007), p. 444.

32. Christopher Marlowe, *The Tragical History of Doctor Faustus*, *The Complete Plays*, ed. J. B. Steane (London:Penguin, 1969), p. 274.

33. Ibid., p. 275.

34. Jorge Luis Borges, "An Overwhelming Film", *Selected Non-Fictions*, trans. E. Allen and S. J. Levine, ed. E.Weinberger (London: Penguin, 2000), p. 258.

35. Marlowe, *Doctor Faustus*, p. 310.

36. Simon Callow, *Orson Welles, Volume 1: The Road to Xanadu* (London: Vintage, 1996), p. 326.

37. Callow, *Hello Americans*, p. 7.

38. Ibid., p. 314.

39. Callow, *One-Man Band*, p. 358.

40. 引自 Callow, *Road to Xanadu*, p. 387。

41. Ibid., p. 366.

42. Callow, *One-Man Band*, p. 281.

43. Callow, *Hello Americans*, p. 306.

44. Peter Conrad, *Orson Welles: The Stories of His Life* (London: Faber & Faber, 2004), p. 40.

第三章　白日梦想家

1. 霍夫曼在 2015 年的一次访谈中提到了这个故事。参见 https://www.youtube.com/watch?v=Ss7F8BCrNz0。

2. Oscar Wilde, "The Critic as Artist", *The Major Works* ed. I. Murray (Oxford: OUP, 2010), p. 256.

3. Ibid.

4. 弗洛伊德在 1896 年发表的论文 "Further Remarks on the Neuro-Psychoses of Defence", *The Standard Edition of the Complete Psychological Works of Sigmund Freud*, trans. and ed. J. Strachey, Volume 3 (London: Vintage, 2001), pp. 168–74 中首次对强迫症进行了论述。

5. Wilde, "Critic as Artist", p. 275.

6. Oscar Wilde, *The Picture of Dorian Gray*, *The Major Works*, p. 112.

7. Ibid., p. 113.

8. Xavier de Maistre, *Voyage Around My Room*, trans. S. Sartarelli (New York: New Directions, 1994), p. 5.

9. Ibid., p. 81.

10. Desiderius Erasmus, *The Praise of Folly*, trans. C. H. Miller (New Haven: Yale University Press, 2003), p. 17.

11. Miguel de Cervantes, *Don Quixote*, trans .J. Rutherford (London: Penguin, 2003).

12. 更准确地说，这句话总被认为是毕加索说的，但似乎从没有人找到确切出处。

13. Emmanuel Levinas, "Reality and Its Shadow", *Collected Philosophical Papers*, trans. A. Lingis (Pittsburgh: Duquesne University Press, 1998), p. 3.

14. Sigmund Freud, "Creative Writers and Daydreaming", *Standard Edition*, Volume 9, p. 152.

15. Wilde, "Critic as Artist", p. 275.

16. Sigmund Freud, "Recommendations to Physicians Practising Psycho-Analysis", *Standard Edition*, Volume 12, p. 112.

17. Ibid., p. 115.

18. Georges Bataille, "Rotten Sun", *Visions of Excess: Selected Writings 1927–1939*, trans. A. Stoekl (Minneapolis: University of Minnesota Press, 1985), p. 58.

19. D. W. Winnicott, "Dreaming, Fantasying and Living: A Case-History Describing a Primary Dissociation", *Playing and Reality* (London: Routledge, 1971), p. 40.

20. Ibid.

21. 狄金森诗歌的所有引文均摘自 *The Poems of Emily Dickinson: Including Variant Readings Critically Compared with All Known Manuscripts*, ed. T. Johnson (Cambridge, MA: Harvard Belknap, 1955)。因为每首诗都有编号，所以此处不再提供页码索引。

22. 引自 Lyndall Gordon, *Lives Like Loaded Guns: Emily Dickinson and Her Family's Feuds* (London:Virago, 2010), p. 228。

23. 引自 Cynthia Griffin Wolff, *Emily Dickinson* (New York: Perseus Books, 1988), p. 401。

24. Ibid., p. 402.

25. Ibid.

26. Ibid., p. 403.

27. Richard B. Sewall, *The Life of Emily Dickinson* (Cambridge, MA: Harvard University Press, 1980), p. 642.

28. Wolff, *Emily Dickinson*, p. 3.

29. Gordon, *Lives*, p. 82.

30. Gregorio Kohon, "Louise Bourgeois and Franz Kafka: Of Lairs and Burrows", *Reflections on the Aesthetic Experience: Psychoanalysis and the Uncanny* (London: Routledge, 2016), p. 26.

31. 温尼科特假定了我们内心这方"稳定宁静之地"的确存在，见 "Communicating and Not-Communicating, Leading to a Study of Certain Opposites", *The Maturational Processes and the Facilitating Environment: Studies in the Theory of Emotional Development* (London: Karnac, 1990)。

32. March 1862, Emily Dickinson, *The Letters of Emily Dickinson*, ed. M. L. Todd (Mineola, NY: Dover, 2003), p. 169.

33. 引自 Wolff, *Emily Dickinson*, p. 399。

34. Ibid.

35. 引自 Gordon, *Lives*, p 14。

36. Sewall, *Life*, p. 650.

37. Ibid., p. 653.

38. Wolff, *Emily Dickinson*, p. 35.

39. 狄金森和希金森的话均引自 Sewall，*Life*, p. 74。

40. André Green, "The Dead Mother", *Life Narcissism, Death Narcissism*, trans. A. Weller (London: Free Association Books, 2001), p. 170.

41. Wolff, *Emily Dickinson*, p. 133.

42. January 1856, Dickinson, *Letters*, p. 139.

43. Wolff, *Emily Dickinson*, p. 362.

44. 弗洛伊德在他 1915 年的论文 "The Unconscious", *The Standard Edition of the Complete Psychological Works of Sigmund Freud*, trans. and ed. J. Strachey, Volume 14 (London: Vintage, 2001) 中对无意识的 "无时间性" 做了最全面的论述。

45. April 1862, Dickinson, *Letters*, p. 253.

46. June 1862, ibid.

第四章　游手好闲者

1. Roland Barthes, *How to Live Together: Novelistic Simulations of Some Everyday Spaces*, trans. K. Briggs (New York: Columbia University Press, 2013), p. 6.

2. Sextus Empiricus, *Outlines of Scepticism*, trans. J. Annas and J. Barnes (Cambridge: CUP, 2000), p. 9.

3. Ibid.

4. Ibid., p. 10.

5. Ibid., p. 11.

6. Roland Barthes, *The Neutral: Lecture Course at the Collège de France (1977–1978)*, trans. R. Krauss and D. Hollier (New York: Columbia University Press, 2008), p. 80.

7. E. M. Cioran, *A Short History of Decay* (1949), trans. R. Howard (New York: Arcade Publishing, 1998), p. 3.

8. Ibid., p. 4.

9. Frédéric Gros, *A Philosophy of Walking*, trans C. Harper (London: Verso, 2015), p. 3.

10. Jean-Jacques Rousseau, *Reveries of the Solitary Walker*, trans. R. Goulbourne (Oxford: OUP, 2011), p. 51.

11. Ibid., p. 51.

12. Peter Sloterdijk, *Stress and Freedom*, trans. W. Hoban (Cambridge: Polity, 2015), p. 23.

13. Ibid., p. 33.

14. Carl Honoré, *In Praise of Slow: How a Worldwide Movement Is Challenging the Cult of Speed* (London: HarperCollins, 2005).

15. "Kill the smartphone: the slow fight against the rat race", *Independent*, 1 October 2010. 参见 https://www.independent.co.uk/life-style/kill-the-smartphone-the-slowfight-against-the-rat-race-2095847.html。

16. Carl Cederström and Peter Fleming, *Dead Man Working* (Alresford, Hants: Zero Books, 2012), p. 51.

17. Ibid., p. 52.

18. 关于伊壁鸠鲁思想精华的最佳摘录，可以参见 Epicurus, *The Art of Happiness*, trans. and ed. J. K. Strodach (London: Penguin, 2013)。

19. Hannah Arendt, *The Human Condition: A Study of the Central Dilemmas Facing Modern Man* (New York: Doubleday Anchor, 1959), p. 101.

20. Oscar Wilde, "The Soul of Man Under Socialism", *The Collected Works of Oscar Wilde* (Ware, Herts: Wordsworth, 2007), p. 1,046.

21. Ibid.

22. Maria Eichhorn, *5 weeks, 25 days, 175 hours*, exhibition catalogue (Chisenhale Gallery, 2016).

23. Gros, *Philosophy*, p. 89.

24. Nathaniel Hawthorne, *The Scarlet Letter* (Oxford: OUP, 1990), p. 42.

25. D. T. Max, *Every Ghost Story Is a Love Story: A Life of David Foster Wallace* (London: Granta, 2012), p. 298.

26. Ibid.

27. David Foster Wallace, *Infinite Jest* (London: Abacus, 1997), p. 696.

28. Ibid.

29. Max, *Every Ghost Story*, p. 4.

30. Ibid., p. 12.

31. David Foster Wallace, *The Last Interview and Other Conversations* (New York: Melville House, 2012), p. 57.

32. Max, *Every Ghost Story*, p. 34.

33. Ibid., p. 21.

34. Christian Lorentzen, "The Rewriting of David Foster Wallace", *New York* magazine, 29 June 2015. 参见 http://www.vulture.com/2015/06/rewriting-of-david-foster-wallace.html。

35. David Lipsky, *Although of Course You End Up Becoming Yourself: A Road Trip with David Foster Wallace* (New York: Broadway Books, 2010).

36. David Foster Wallace, *This Is Water: Thoughts, Delivered on a Significant Occasion, About Living a Compassionate Life* (New York: Little, Brown, 2009), p. 2.

37. Ibid., p. 1.

38. Ibid., p. 7.

39. Ibid., p. 1.

40. Ibid., p. 3.

41. Ibid., p. 5.

42. Max, *Every Ghost Story*, p. 143.

43. Ibid., p. 316.

44. Wallace, *Infinite Jest*, pp. 347–8.

45. Ibid., p. 1,048.

46. 引自 Max, *Every Ghost Story*, p. 6。

47. Lipsky, *Although of Course*, p. 85.

48. Max, *Every Ghost Story*, p. 149.

49. David Foster Wallace, "E Unibus Pluram: Television and US Fiction", *A Supposedly Fun Thing I'll Never Do Again: Essays and Arguments* (London: Abacus, 1997), p. 41.

50. David Foster Wallace, "A Supposedly Fun Thing I'll Never Do Again", ibid., p. 316.

51. Wallace, *Infinite Jest*, p. 79.

52. Ibid., p. 474.

53. Ibid.

54. Wallace, *This Is Water*, p. 8.

55. "Bret Easton Ellis launches broadside against David Foster Wallace", *Guardian*, 6 September 2012. 参见 https://www.theguardian.com/books/2012/sep/06/bret-easton-ellis-david-foster-wallace。

56. Wallace, *Infinite Jest*, p. 24.

57. 引自 "David Foster Wallace: 'a mind that seemed to see everything on every level all at once'", *Chicago Tribune*, 15 September 2008。参见 http://featuresblogs.chicagotribune.com/entertainment_popmachine/2008/09/after-david-fos.html。

58. Ibid.

59. David Foster Wallace, "Derivative Sport in Tornado Alley", *A Supposedly Fun Thing I'll Never Do Again*, p. 12.

60. David Foster Wallace, "Federer Both Flesh and Not", *Both Flesh and Not* (London: Penguin, 2013), p. 20.

61. David Foster Wallace, *The Pale King* (London: Penguin, 2012), p. 228.

62. Ibid., p. 231.

63. Ibid., p. 225.

64. Ibid., p. 183.

65. Ibid., p. 232.

66. Jonathan Franzen, "Farther Away", *New Yorker*, 18 April 2011. 参见 https://www.newyorker.

com/magazine/2011/04/18/farther-away-jonathan-franzen。

67. 引自 Max Brod, *Franz Kafka: A Biography* (Boston: Da Capo Press, 1995), p. 227。

结语

1. Mark Greif, "Anaesthetic Ideology: The Meaning of Life, Part III", *Against Everything: Essays* (London: Verso, 2016), p. 238.

2. H. D. Thoreau, "Life Without Principle", *Essays*, ed. J. S. Cramer (New Haven: Yale University Press, 2013), p. 350.

3. Ibid., p. 347.

4. Ibid., p. 349.

参考文献

Adorno, T. W., "Commitment", *Notes to Literature Volume 2*, trans. S. W. Nicholsen (New York: Columbia University Press, 1992)

Arendt, Hannah, *The Human Condition: A Study of the Central Dilemmas Facing Modern Man* (New York: Doubleday Anchor, 1959)

Aulagnier, Piera, *The Violence of Interpretation: From Pictogram to Statement*, trans. A. Sheridan (London: Routledge, 2001)

Barthes, Roland, *The Neutral: Lecture Course at the Collège de France (1977–1978)*, trans. R. Krauss and D. Hollier (New York: Columbia University Press, 2008)

Barthes, Roland, *How to Live Together: Novelistic Simulations of Some Everyday Spaces*, trans. K. Briggs (New York: Columbia University Press, 2013)

Bataille, Georges, *Visions of Excess: Selected Writings 1927–1939*, trans. A. Stoekl (Minneapolis: University of Minnesota Press, 1985)

Bataille, Georges, *The Accursed Share*, Volume 1, trans. R. Hurley (Cambridge, MA: Zone Books, 1991)

Berardi, Franco, *The Soul at Work: From Alienation to Autonomy*, trans. J. Smith (New York: Semiotexte, 2009)

Blanchot, Maurice, *The Space of Literature*, trans. A. Smock (Lincoln, NE: University of Nebraska Press, 1989)

Blanchot, Maurice, "Literature and the Right to Death", trans. L. Davis, *The Work of Fire* (Stanford, CA: Stanford University Press, 1995)

Bockris, Victor, *The Life and Death of Andy Warhol* (London: Fourth Estate, 1998)

Borges, Jorge Luis, *Selected Non-Fictions*, trans. E. Allen and S. J. Levine, ed. E. Weinberger (New York: Penguin, 2000)

Boswell, James, *Life of Johnson*, ed. R. W. Chapman (Oxford: OUP, 2008)

Brod, Max, *Franz Kafka: A Biography* (Boston: Da Capo Press, 1995)

Callow, Simon, *Orson Welles, Volume 1: The Road to Xanadu* (London: Vintage, 1996)

Callow, Simon, *Orson Welles, Volume 2: Hello Americans* (London: Vintage, 2007)

什么都想做，什么都不想做

Callow, Simon, *Orson Welles, Volume 3: One-Man Band* (London: Vintage, 2015)

Cederström, Carl, and Fleming, Peter, *Dead Man Working* (Alresford, Hants: Zero Books, 2012)

Cioran, E. M., *A Short History of Decay*, trans. R. Howard (New York: Arcade Publishing, 1998)

Conrad, Peter, *Orson Welles: The Stories of His Life* (London: Faber & Faber, 2004)

Crary, Jonathan, *24/7: Late Capitalism and the Ends of Sleep* (London: Verso, 2014)

de Cervantes, Miguel, *Don Quixote*, trans. J. Rutherford (London: Penguin, 2003)

de Maistre, Xavier, *Voyage Around My Room*, trans. S. Sartarelli (New York: New Directions, 1994)

Dickinson, Emily, *The Poems of Emily Dickinson: Including Variant Readings Critically Compared with All Known Manuscripts*, ed. T. Johnson (Cambridge, MA: Harvard Belknap, 1955)

Dickinson, Emily, *The Letters of Emily Dickinson*, ed. M. L. Todd (Mineola, NY: Dover, 2003)

Diderot, Denis, *Jacques the Fatalist*, trans. D. Coward (Oxford: OUP, 2008)

Diderot, Denis, *Rameau's Nephew* and *D'Alembert's Dream*, trans. L. Tancock (London: Penguin, 1976)

Dillon, Brian, *Tormented Hope: Nine Hypochondriac Lives* (London: Penguin, 2010)

Ehrenberg, Alain, *The Weariness of the Self: Diagnosing the History of Depression in the Contemporary Age*, trans. E. Caouette, J. Homel, D. Homel and D. Winkler (Montreal: McGill-Queens University Press, 2010)

Eichhorn, Maria, *5 weeks, 25 days, 175 hours*, exhibition catalogue (London: Chisenhale Gallery, 2016)

Epicurus, *The Art of Happiness*, trans. and ed. J. K. Strodach (London: Penguin, 2013)

Erasmus, Desiderius, *The Praise of Folly*, trans. C. H. Miller (New Haven, CT: Yale University Press, 2003)

Frayne, David, *The Refusal of Work* (London: Zed Books, 2015)

Freud, Sigmund, "Further Remarks on the Neuro-Psychoses of Defence", *The Standard Edition of the Complete Psychological Works of Sigmund Freud*, trans. and ed. J. Strachey, Volume 3 (London: Vintage, 2001)

Freud, Sigmund, *Three Essays on the Theory of Sexuality*, *Standard Edition*, Volume 7 (London: Vintage, 2001)

Freud, Sigmund, "Creative Writers and Daydreaming", *Standard Edition*, Volume 9 (London: Vintage, 2001)

Freud, Sigmund, "Formulations on the Two Principles of Mental Functioning", *Standard Edition*, Volume 12 (London: Vintage, 2001)

Freud, Sigmund, "Recommendations to Physicians Practising Psychoanalysis", *Standard Edition*, Volume 12 (London: Vintage, 2001)

Freud, Sigmund, "On Narcissism: An Introduction", *Standard Edition*, Volume 14 (London: Vintage, 2001)

Freud, Sigmund, "The Unconscious", *Standard Edition*, Volume 14 (London: Vintage, 2001)

Freud, Sigmund, "A Metapsychological Supplement to the Theory of Dreams", *Standard Edition*, Volume 14 (London: Vintage, 2001)

Freud, Sigmund, "Beyond the Pleasure Principle", *Standard Edition*, Volume 18 (London: Vintage, 2001)

Freud, Sigmund, "Negation", *Standard Edition*, Volume 19 (London: Vintage, 2001)

Freud, Sigmund, *Civilization and Its Discontents, Standard Edition*, Volume 21(London: Vintage, 2001)

Goncharov, Ivan, *Oblomov*, trans. D.Magarshack (London: Penguin, 2005)

Gordon, Lyndall, *Lives Like Loaded Guns: Emily Dickinson and Her Family's Feuds* (London: Virago, 2010)

Green, André, *Life Narcissism, Death Narcissism*, trans. A. Weller (London: Free Association Books, 2001)

Greene, Graham, *A Burnt-Out Case* (London: Vintage, 2004)

Greif, Mark, *Against Everything: Essays* (London: Verso, 2016)

Gros, Frédéric, *A Philosophy of Walking*, trans. C. Harper (London: Verso, 2015)

Han, Byung-Chul, *The Burnout Society*, trans. E. Butler (Stanford, CA: Stanford University Press, 2015)

Hawthorne, Nathaniel, *The Scarlet Letter* (Oxford: OUP, 1990)

Honoré, Carl, *In Praise of Slow: How a Worldwide Movement Is Challenging the Cult of Speed* (London: HarperCollins, 2005)

Huysmans, J.-K., *Against Nature*, trans. R. Baldick (London: Penguin, 2004)

Keats, John, *The Complete Poems*, ed. J. Barnard (London: Penguin, 1977)

Kenkō and Chōmei, *Essays in Idleness* and *Hōjōki*, trans. M. McKinney (London: Penguin, 2013)

Koestenbaum, Wayne, *Andy Warhol: A Biography* (New York: Open Road Media, 2015)

Kohon, Gregorio, *Reflections on the Aesthetic Experience: Psychoanalysis and the Uncanny* (London: Routledge, 2016)

Laertius, Diogenes, *Lives of the Eminent Philosophers*, trans. C. D. Yonge (London: H. G. Bohn, 1853)

Lear, Jonathan, *Happiness, Death, and the Remainder of Life* (Cambridge, MA: Harvard University Press, 2002)

Levinas, Emmanuel, "Reality and Its Shadow", *Collected Philosophical Papers*, trans. A. Lingis (Pittsburgh, PA: Duquesne University Press, 1998)

Lipsky, David, *Although of Course You End Up Becoming Yourself: A Road Trip with David Foster Wallace* (New York: Broadway Books, 2010)

什么都想做，什么都不想做

Lorentzen, Christian, "The Rewriting of David Foster Wallace", *New York* magazine, 29 June 2015

Marlowe, Christopher, *The Complete Plays*, ed. J. B. Steane (London: Penguin, 1969)

Max, D. T., *Every Ghost Story Is a Love Story: A Life of David Foster Wallace* (London: Granta, 2012)

Melville, Herman, "Bartleby, the Scrivener", *Billy Budd and Other Stories* (New York: Signet, 1961)

The New Testament in Modern English, trans. J. B. Phillips (London: HarperCollins, 1972)

Nietzsche, Friedrich, "On the Uses and Disadvantages of History for Life", *Untimely Meditations*, trans. R. J. Hollingdale (Cambridge: CUP, 1997)

Ovid, *Metamorphoses*, trans. M. M. Innes (London: Penguin, 2000)

Plato, *The Republic*, trans. D. Lee (London: Penguin, 1986)

Rousseau, Jean-Jacques, *Reveries of the Solitary Walker*, trans. R. Goulbourne (Oxford: OUP, 2011)

Saint-Amand, Pierre, *The Pursuit of Laziness: An Idle Interpretation of the Enlightenment*, trans. J. C. Gage (Princeton, NJ: Princeton University Press, 2011)

Salecl, Renata, *The Tyranny of Choice* (London: Profile, 2011)

Schaffner, Anna Katharina, *Exhaustion: A History* (New York: Columbia University Press, 2016)

Schopenhauer, Arthur, *Essays and Aphorism*, trans. R. J. Hollingdale (London: Penguin, 1976)

Sewall, Richard B., *The Life of Emily Dickinson* (Cambridge, MA: Harvard University Press, 1980)

Sextus Empiricus, *Outlines of Scepticism*, trans. J. Annas and J. Barnes (Cambridge: CUP, 2000)

Sloterdijk, Peter, *Stress and Freedom*, trans. W. Hoban (Cambridge: Polity, 2015)

Southwood, Ivor, *Non-Stop Inertia* (Alresford, Hants: Zero Books, 2010)

Srnicek, Nick, and Williams, Alex, *Inventing the Future: Post-Capitalism and a World Without Work* (London: Verso, 2016)

Tamaki, Saitō, *Hikikomori: Adolescence Without End*, trans. J. Angles (Minneapolis: Minnesota University Press, 2013)

Thomson, David, *Rosebud: The Story of Orson Welles* (London: Vintage, 1996)

Thoreau, H. D., *Essays*, ed. J. S. Cramer (New Haven, CT: Yale University Press, 2013)

Tronick, Edward, *The Neurobehavioral and Social-Emotional Development of Children* (New York: W. W. Norton, 2007)

Wallace, David Foster, *A Supposedly Fun Thing I'll Never Do Again: Essays and Arguments* (London: Abacus, 1997)

Wallace, David Foster, *Infinite Jest* (London: Abacus, 1997)

Wallace, David Foster, *This Is Water: Thoughts, Delivered on a Significant Occasion, About*

Living a Compassionate Life (New York: Little, Brown, 2009)

Wallace, David Foster, *The Last Interview and Other Conversations* (New York: Melville House, 2012)

Wallace, David Foster, *The Pale King* (London: Penguin, 2012)

Wallace, David Foster, *Both Flesh and Not* (London: Penguin, 2013)

Warhol, Andy, *The Philosophy of Andy Warhol: From A to B and Back Again* (London: Penguin, 2007)

Warhol, Andy, with Hackett, Pat, *POPism: The Warhol Sixties* (London: Penguin, 2007)

Weber, Max, *The Protestant Ethic and the "Spirit" of Capitalism*, trans. P. Baehr and G. C. Wells (London: Penguin, 2002)

Weinstein, Cindy, "Artist at Work: *Redburn, White-Jacket, Moby-Dick* and *Pierre*" in W. Kelly (ed.), *A Companion to Herman Melville* (New York: Wiley-Blackwell, 2015)

Wilde, Oscar, "The Soul of Man Under Socialism", *The Collected Works of Oscar Wilde* (Ware, Herts: Wordsworth Library Collection, 2007)

Wilde, Oscar, "The Critic As Artist", *The Major Works*, ed. I. Murray (Oxford: OUP, 2010)

Wilde, Oscar, *The Picture of Dorian Gray, Major Works* (Oxford: OUP, 2010)

Winnicott, D. W., *Playing and Reality* (London: Routledge, 1971)

Winnicott, D. W., *The Maturational Processes and the Facilitating Environment: Studies in the Theory of Emotional Development* (London: Karnac, 1990).

Wolff, Cynthia Griffin, *Emily Dickinson* (New York: Perseus Books, 1988)

Zielenziger, Michael, *Shutting Out the Sun: How Japan Created Its Own Lost Generation* (New York: Vintage, 2007)

什么都想做，什么都不想做

授权许可

本书所引用的文本已尽可能取得版权许可，在此向以下授予版权的机构深表谢意。

The Human Condition by Hannah Arendt, copyright © 1959 by Hannah Arendt. Reproduced by kind permission of The Taylor and Francis Group.

The Violence of Interpretation: From Pictogram to Statement by Piera Aulagnier, translated by Alan Sheridan. © 2001 by Piera Aulagnier, translation copyright © by Alan Sheridan. Reproduced by kind permission of The Taylor and Francis Group.

The Accursed Share Volume I by Georges Bataille, translated by Robert Hurley, copyright © 1949 by Les Éditions Des Minuits, translation copyright © 1988 by Robert Hurley. Reproduced by kind permission of Zone Books.

The Soul at Work: From Alienation to Autonomy by Franco Berardi, translated by Jason Smith, copyright © 2009 by Semiotext(e)and Franco Berardi. Reproduced by kind permission of Semiotext(e).

The Space of Literature by Maurice Blanchot, translated by Ann Smock, copyright © by Éditions Gallimard (*L'Éspace Littéraire*). English translation copyright ©1982 by The University of Nebraska Press. Reproduced by kind permission of The University of Nebraska Press.

Dead Man Working by Carl Cederström and Peter Fleming, copyright © 2011 by Carl Cederström and Peter Fleming. Reproduced by kind permission of John Hunt Publishing Ltd.

A Short History of Decay by E. M. Cioran, translated by Eugene Thacker, copyright © 2012 by Arcade Publishing, an imprint of Skyhorse Publishing, Reprinted by kind permission of Arcade Publishing.

24/7: Late Capitalism and the Ends of Sleep by Jonathan Crary, copyright © 2013, by Jonathan Crary. Reproduced by kind permission of Verso Books.

Voyage Around My Room by Xavier De Maistre, translated by Stephen Sartarelli, copyright © 1994 by Richard Howard. Reprinted by kind permission of New Directions Publishing Corp.

The Poems of Emily Dickinson, edited by Thomas H. Johnson, The Belknap Press of Harvard University Press, Copyright © 1951, 1955 by the President and Fellows of Harvard College. Copyright © renewed 1979, 1983 by the President and Fellows of Harvard College. Copyright © 1914, 1918, 1919, 1924, 1929, 1930, 1932, 1935, 1937, 1942, by Martha Dickinson Bianchi. Copyright © 1952, 1957, 1958, 1963, 1965, by Mary L. Hampson. Reproduced by kind permission of Harvard University Press.

The Letters of Emily Dickinson, edited by Thomas H. Johnson, Associate Editor, Theodora Ward, The Belknap Press of Harvard University Press, Copyright © 1958 by the President and Fellows of Harvard College. Copyright © renewed 1986 by the President and Fellows of Harvard College. Copyright © 1914, 1924, 1932, 1942 by Martha Dickinson Bianchi. Copyright © 1952 by Alfred LeeteHampson. Copyright © 1960 by Mary L. Hampson.

Rameau's Nephew and D'Alembert's Dream by Denis Diderot, translated by L. W. Tancock (Penguin Books, 2004). Translation and introduction copyright © L.W. Tancock, 1966. Reproduced by kind permission of Penguin Random House UK.

Outlines of Scepticism by Sextus Empiricus, translated and edited by Julia Annas, Jonathan Barnes, copyright © 2000 by Cambridge University Press. Reproduced by kind permission of Cambridge University Press.

The Refusal of Work: The Theory and Practice of Resistance to Work by David Frayne, copyright © 2015 by David Frayne. Reproduced by kind permission of Zed Books.

Oblomov by Ivan Goncharov, translated by David Magarshack (Penguin Books, 2005). Copyright © David Magarshack, 1954. Chronology, introduction and Further Reading copyright © 2005, Milton Ehre. Reproduced by kind permission of Penguin Random House UK.

Against Everything: Essays by Mark Greif, copyright © 2016, by Mark Greif. Reproduced by kind permission of Verso Books.

A Philosophy of Walking by Frédéric Gros, translated by John Howe, copyright © 2015, by Frédéric Gros, translation copyright © 2014 by John Howe. Reproduced by kind permission of Verso Books.

Against Nature: A New Translation of À Rebours by J.-K. Huysmans, translated by Robert Baldick (Penguin Classics, 1959). Copyright © the Estate of Robert Baldick, 1959. Reproduced by kind permission of Penguin Random House UK.

Essays in Idleness and Essays in Idleness and Hōjōki by Yoshida Kenkō and Kamo no Chō-mei, translated by Meredith McKinney (Penguin Books, 2013). Translation copyright © Meredith McKinney, 2013. Reproduced by kind permission of Penguin Random House UK.

Happiness, Death and the Remainder of Life by Jonathan Lear, Harvard University Press, copyright © 2000 by the President and Fellows of Harvard College. Reproduced by kind permission of Harvard University Press.

Untimely Meditations by Friedrich Nietzsche, edited by Daniel Breazeale, translated by R. J. Hollingdale, copyright © 1997 by Cambridge University Press. Reproduced by kind permission of Cambridge University Press.

Reveries of the Solitary Walker by Jean-Jacques Rousseau, translated by Russell Goulbourne, copyright © 2011 by Oxford University Press. Reproduced by kind permission of Oxford University Press.

Essays and Aphorisms by Arthur Schopenhauer, selected and translated with an introduction by R. J. Hollingdale (Penguin Classics, 1970). Translation and introduction copyright © R. J. Hollingdale, 1970. Reproduced by kind permission of Penguin Random House UK.

Non-Stop Inertia by Ivor Southwood, copyright © 2011 by Ivor Southwood. Reproduced by kind permission of John Hunt Publishing Ltd.

Inventing the Future: Postcapitalism and a World Without Work by Nick Srnicek and Alex Williams, copyright © 2015, 2016 by Nick Srnicek and Alex Williams. Reproduced by kind permission of Verso Books.

The Philosophy of Andy Warhol: From A to B and Back Again by Andy Warhol, copyright © 1975 by Andy Warhol. Reproduced by kind permission of Houghton Mifflin Harcourt Publishing Company.

Playing and Reality by D. W. Winnicott, copyright © 1971 by D. W. Winnicott. Reproduced by kind permission of The Taylor and Francis Group.

索 引

什么都想做，什么都不想做

什么都想做，什么都不想做

什么都想做，什么都不想做

致 谢

一 我要对我优秀的编辑贝拉·莱西（Bella Lacey）致以谢意，感谢她在案头工作上的一丝不苟、一针见血，同样感谢她与我的长谈，令我备受启发。感谢我的代理人佐伊·罗斯（Zoe Ross），她见多识广，对我的工作鼎力相助，这正是我作为一名作家梦寐以求的。感谢莱斯利·列文（Lesley Levene）细致费心的校正。还要感谢德沃拉·鲍姆（Devorah Baum）以及劳拉·费格尔（Lara Feigel），作为细致而敏锐的读者，在我的写作过程中阅读了书稿。

我很幸运拥有阿比盖尔·沙马（Abigail Schama）这么一位理想的读者，虽说她也是不得已而为之。她在写作及其他方面让我灵感迸发；我们的三个孩子伊桑（Ethan）、鲁本（Reuben）和伊拉（Ira）也是如此。

我要将这本书献给我的父母，拉奎尔·戈尔茨坦（Raquel Goldstein）和爱德华·科恩（Edward Cohen）。他们对我整天做白日梦恼火不已，使我发现了自己的这一面，而他们对我的无限包容，又确保了我可以对这份美梦永不厌倦。